21 世纪高等院校教材

应用数理统计

主 编 单 伟 张苏梅

副主编 刘庆红 韩 雪 李尚友

科学出版社

北京

内 容 简 介

本书针对高等学校化学化工、材料科学类相关专业学生的需求,着重介绍各种基本的数理统计方法.对方法的原理分析进行简化处理,重点突出方法的应用背景、基本思想和运用技巧,力求循序渐进、深入浅出、层次清晰、叙述严谨.注重通过对典型例题的分析介绍方法,培养学生应用所学知识解决工程实际问题的能力.结合数理统计方法适合利用计算机软件辅助计算的特点,并考虑到本科学生的计算机实际应用水平,安排 Excel 软件统计分析功能的介绍,以期学生能对统计分析软件有初步的了解.全书包括概率论基础、数理统计的基本知识、参数估计、假设检验、方差分析与正交试验设计、回归分析、Excel 软件的应用等 7 章内容.

本书可以作为高等学校化学化工、材料科学类相关专业本科生的数理统计课程的教材,也可作为相关专业工程技术人员的自学参考书.

图书在版编目(CIP)数据

应用数理统计/单伟,张苏梅主编. —北京:科学出版社,2013
  21 世纪高等院校教材
  ISBN 978-7-03-038344-0

Ⅰ.①应… Ⅱ.①单…②张… Ⅲ.①数理统计-高等学校-教材
Ⅳ.①O212

中国版本图书馆 CIP 数据核字(2013)第 191600 号

责任编辑:王 静 / 责任校对:朱光兰
责任印制:徐晓晨 / 封面设计:陈 敬

科学出版社 出版
北京东黄城根北街 16 号
邮政编码:100717
http://www.sciencep.com

北京捷迅佳彩印刷有限公司 印刷
科学出版社发行 各地新华书店经销

*

2013 年 8 月第 一 版   开本:720×1000 B5
2019 年 6 月第七次印刷   印张:11 3/4
字数:236 000

定价:26.00 元
(如有印装质量问题,我社负责调换)

前　　言

　　概率论与数理统计是研究大量随机现象统计规律性的数学学科,在自然科学、社会科学和工程技术的各个领域都具有极为广泛的应用.正是概率统计的这种广泛应用性,使得它已成为高等院校各类专业大学生最重要的数学必修课之一.有别于其他数学基础课程,对于初学者而言概率统计研究的对象更加广泛,涉及的概念众多、方法新颖且应用性很强,较难领会和掌握.由于该课程本身涉及的数学知识杂、方法多而学时有限,在以往的教学中我们严格遵照教育部非数学类专业数学基础课程教学指导委员会颁发的《工科类本科数学基础课程教学基本要求》中对该课程的统一教学要求,在课堂教学中更加侧重概率论部分,把主要时间都花费在了解释概念、讲解方法原理之上,学生的精力大都消耗于各种方法的数学原理的费解之中.这种教学模式比较有利于学生在数学基本推理和运算等方面能力的巩固提高,但因对于概率统计的实际应用涉及太少,难以达到让学生运用所学方法解决真正的实际问题之效果.遵循教育部《国家中长期教育改革和发展规划纲要》的指导思想,我们展开了基于应用型人才培养目标的概率论与数理统计课程体系的改革研究,设计全新的概率统计课程教学方案,旨在突破传统的教学模式,更加注重应用能力的培养和科学素质的提高,以求对学生的创新精神和实践能力的培养提高发挥更大作用.

　　本教材结合化学化工、材料科学类相关专业学生的高等数学基础和专业后续课程的需求,对概率论基础部分以及各种数理统计方法的原理分析进行尽可能的简化处理,重点突出方法的应用背景、基本思想和运用技巧的阐述,同时尽量做到循序渐进、深入浅出、叙述严谨.注重通过对典型例题的分析介绍方法,培养学生应用所学知识解决工程实际问题的能力.结合数理统计方法适合利用计算机软件辅助计算的特点,并考虑到本科学生的计算机实际应用水平,第7章安排 Excel 软件统计分析功能的介绍,以期学生能对统计分析软件有初步的了解.

　　本书由单伟、张苏梅主编,刘庆红、韩雪和李尚友参加编写.在本书的编写过程中,济南大学教务处、数学学院等各级领导给予了极大的关心与支持.在教材的试用过程中,任课教师提供了许多可行的意见与建议,对以上所有这些真诚的帮助深表谢意.

　　由衷地感谢科学出版社及相关专家对本书提出修改的意见与建议,为我们完善书稿内容提供了有力的帮助.

　　由于编者水平有限,且作为对概率统计教学内容改革的初次尝试,教材中难免有不妥之处,恳请读者提出宝贵意见.

编　者

2013 年 5 月于济南

目　　录

第1章 概率论基础

自然界和人类社会中所发生的现象大体可分为两种类型：一类现象是在一定条件下必然发生的，如"在标准大气压下纯水加热到 100℃时必然会沸腾"，"同性电荷必相互排斥"等，这类现象统称为**确定性现象**. 另一类现象则不同，它们是事先不可预见的，在一定条件下重复进行观察，可能出现多种不同的结果，而究竟出现哪一种结果，事先又不能完全确定. 此类现象称为**随机现象**. 例如，抛掷一枚硬币观察哪个面朝上；再如，测量一个物体的长度时将会出现的测量误差等. 随机现象虽然具有不确定性，但在大量重复试验或观察中却呈现出一种固有的规律性. 例如，大量重复地抛掷质地均匀对称的硬币时，出现正面向上和出现反面向上的次数比例总是接近一比一的. 这种规律性称为**统计规律性**. 概率论是研究随机现象统计规律的最基础的学科，它从数量角度给出随机现象的描述，为人们认识和利用随机现象的规律性提供了有力的工具.

1.1 随机事件与概率

1.1.1 随机事件及其运算

1. 随机试验与样本空间

为了掌握随机现象及其统计规律性，需要对随机现象进行观察或实验，这种观察的过程称为试验. 若一个试验具有下列三个特点：

（1）可以在相同的条件下重复进行；

（2）每次试验的可能结果不止一个，并且能事先明确试验的所有可能结果；

（3）进行一次试验之前不能确定哪一个结果将会出现.

则称这一试验为**随机试验**，记为 E.

例 1.1 这里给出一些随机试验的例子：

E_1：掷两颗骰子，观察出现的点数.

E_2：一个盒子中有 10 个规格相同的球，其中 2 个是红色的，另外 8 个是蓝色的，搅匀后从中任意摸取一球，观察球的颜色.

E_3：在工厂新生产的一批电视机中任意抽取一台，测试它的使用寿命.

E_4：记录城市某交通路口在指定的某一个小时内的车流量.

对于随机试验，尽管在每次试验之前不能预知试验的结果，但试验的所有可能结果是已知的. 随机试验 E 的所有可能结果组成的集合称为 E 的**样本空间**，记为

S. 样本空间的元素,即随机试验 E 的每个基本结果,称为 E 的**样本点**.

例 1.2　在例 1.1 中所给出的随机试验的样本空间分别为

$S_1 : \{(i,j) \mid i,j = 1,2,3,4,5,6\}$;

$S_2 : \{R,B\}$,其中 R 表示红色,B 表示蓝色;

$S_3 : \{t \mid t \geqslant 0\}$;

$S_4 : \{0,1,2,3,\cdots\}$.

2. 随机事件

在随机试验中,可能发生的、与试验目的有关的任何事件都称为**随机事件**. 其中,那些每进行一次试验都必然出现且只能出现其中之一的试验的基本结果,称为**基本事件**. 例如,在例 1.1 的 E_1 中,"出现的点数为 $(4,5)$"、"出现的点数之和大于 10"都是随机事件,且前者还是基本事件. 为方便起见,人们通常用大写字母 A,B,C 等来表示随机事件.

实际上,基本事件对应着样本空间的样本点,也可以看成是由一个样本点组成的单点集. 而任何一个事件则是由一个或若干个基本事件的组合结果,可以看成是样本空间 S 的一个子集. 例如,在例 1.1 的 E_1 中,事件"出现的点数之和大于 10"可以表示为 $\{(5,6),(6,5),(6,6)\}$.

每次试验中都一定发生的事件称为**必然事件**,每次试验中都一定不发生的事件称为**不可能事件**. 样本空间的全集 S,对应的就是必然事件,因而常用 S 表示必然事件. 空集 $\varnothing$ 不包含任何样本点,但也是样本空间的子集,它在每次试验中都不发生,是不可能事件. 我们通常也用 $\varnothing$ 表示不可能事件.

3. 事件间的关系与运算

(1) 若事件 A 发生必然导致事件 B 发生,则称事件 B **包含**事件 A,记为 $A \subset B$.

若 $A \subset B$ 且 $A \supset B$,则称事件 A 与事件 B **相等**.

(2) 事件 A 与 B 至少有一个会发生的事件,称为事件 A 和 B 的**和事件**,记作 $A \cup B$.

例 1.3　在例 1.1 的 E_1 中,如果 $A =$ "第一次掷出点数 6",$B =$ "第二次掷出点数 6",则 $A \cup B =$ "至少有一次掷出点数 6",且

$A \cup B = \{(6,1),(6,2),(6,3),(6,4),(6,5),(6,6),(1,6),(2,6),(3,6),(4,6),(5,6)\}$.

(3) 事件 A 与 B 同时发生的事件称为事件 A 与事件 B 的**积**(或**交**)事件,记为 $A \cap B$ 或 AB. 在上例中,$A \cap B =$ "两次掷出的都是 6 点" $= \{(6,6)\}$.

(4) 事件 A 发生而事件 B 不发生的事件称为事件 A 与 B 的**差事件**,记为 $A - B$. 在例 1.3 中,$A - B =$ "第一次掷出 6 点而第二次不是 6 点" $= \{(6,1),(6,2),(6,$

3),(6,4),(6,5)}.

(5) 如果事件 A 与事件 B 不能同时发生,即 $A\cap B=\varnothing$,则称事件 A 与 B 为**互不相容事件**(或**互斥事件**).显然,基本事件是两两互不相容的.

(6) 如果 $A\cap B=\varnothing$ 且 $A\cup B=S$,则称事件 A 与事件 B 互为**逆事件**,又称**对立事件**.A 的对立事件记为 $\overline{A}$,也有 $A=S-\overline{A}$.

实际上,事件是样本点的集合,因而事件之间的关系与运算可以用集合之间的关系与运算进行处理.同样,事件的运算也满足如下运算律:

交换律 　$A\cup B=B\cup A,A\cap B=B\cap A$;

结合律 　$(A\cup B)\cup C=A\cup(B\cup C),(A\cap B)\cap C=A\cap(B\cap C)$;

分配律 　$(A\cup B)\cap C=(A\cap C)\cup(B\cap C),(A\cap B)\cup C=(A\cup C)\cap(B\cup C)$;

德·摩根律 　$\overline{A\cup B}=\overline{A}\cap\overline{B},\overline{A\cap B}=\overline{A}\cup\overline{B}$.

另外,事件的和与积的概念都可以推广,如

$A=\bigcup\limits_{i=1}^{n}A_i$ 　表示"$A_1,A_2,\cdots,A_n$ 中至少有一个事件发生"这一事件;

$B=\bigcap\limits_{i=1}^{+\infty}B_i$ 　表示"可列无穷多个事件 $B_i(i=1,2,\cdots)$ 同时发生"这一事件;

等等,上述运算律也可以类似地推广.

1.1.2 随机事件的概率

1. 概率的定义

除必然事件与不可能事件外,任一随机事件在一次试验中都有可能发生,也有可能不发生.人们研究随机现象的初期首先关注的是某些事件在一次试验中发生的可能性的大小,对这种可能性大小的数学度量,也就是所谓的概率,也称几率.

历史上,曾有人从各个不同的角度试图从正面给事件的概率下一个明确的定义,包括早期的古典概率定义及后来的统计定义.最终人们发现,就像科学和哲学中的许多基本概念(如物理学中的"力",哲学中的"因果性")一样,很难给它一个无懈可击的精确定义.为了避免含糊不清,数学上最终用公理化方法给"概率"下了定义,它不直接回答"概率"是什么,而是把"概率"应具备的几条本质特性概括起来,把具有这几条性质的量称为概率,并在此基础上展开概率的理论研究.

定义 1.1 设 S 是随机试验 E 的样本空间,对于 E 的每一个事件 A 赋予一个实数,记为 $P(A)$,如果 $P(A)$ 满足以下条件:

(1) 非负性:$P(A)\geqslant 0$;

(2) 规范性:$P(S)=1$;

（3）可列可加性：对于任何两两互不相容的可列无穷多个事件 $A_1, A_2, \cdots,$ $A_n, \cdots,$ 总有

$$P\left(\bigcup_{n=1}^{\infty} A_n\right) = \sum_{n=1}^{\infty} P(A_n),$$

则称实数 $P(A)$ 为事件 A 的**概率**.

由概率的公理化定义，不难推导出概率的一些基本性质，这些性质也是进行概率运算的最基本的法则（各性质的推导证明建议有兴趣的读者自行练习）：

（1）$P(\varnothing)=0$，且对任何事件 A 都有 $P(A) \leqslant 1$.

（2）（有限可加性）　设 $A_1, A_2, \cdots, A_n$ 为两两互不相容事件，则必有

$$P\left(\bigcup_{k=1}^{n} A_k\right) = \sum_{k=1}^{n} P(A_k).$$

（3）若 $A \subset B$，则有 $P(B) \geqslant P(A)$，且 $P(B-A)=P(B)-P(A)$.

（4）对任一事件 A，$P(\overline{A})=1-P(A)$.

（5）（加法公式）　对于任意两个事件 A 和 B 有
$$P(A \cup B) = P(A) + P(B) - P(AB),$$

其中，加法公式可以推广到任意有限和的情形．如设 A_1, A_2, A_3 为 3 个事件，则有

$$P\left(\bigcup_{i=1}^{3} A_i\right) = \sum_{i=1}^{3} P(A_i) - \sum_{1 \leqslant i < j \leqslant 3} P(A_i A_j) + P(A_1 A_2 A_3).$$

例 1.4　设 A, B, C 是三个事件，且 $P(A)=P(B)=P(C)=\dfrac{1}{4}$，$P(AB)=$ $P(BC)=0$，$P(AC)=\dfrac{1}{8}$，求 A, B, C 至少有一个发生的概率.

解　由于 $ABC \subset AB$，而 $P(AB)=0$，所以 $P(ABC)=0$，再由加法公式得，A，B, C 至少有一个发生的概率

$$P(A \cup B \cup C) = P(A) + P(B) + P(C) - P(AB) - P(AC) - P(BC) + P(ABC)$$
$$= 3 \times \frac{1}{4} - \frac{1}{8} = \frac{5}{8}.$$

2. 古典概型的计算

概率的计算问题最早起源于古罗马时期的博弈游戏问题，这类问题的模型有两个共同的特点：一是试验的样本空间有限，如掷骰子一次有 6 种结果，四个人分一副扑克牌（不含大、小王）有 $C_{52}^{13} C_{39}^{13} C_{26}^{13}$ 种结果等；二是试验中每个基本结果出现的可能性相同，如掷骰子掷出 6 个点数的可能性各为 1/6，一个人从一副扑克牌（不含大、小王）中摸 13 张的每一种可能结果的可能性均为 $1/C_{52}^{13} = 1/635013559600$. 具有这两个特点的随机试验被称为**古典概型**或**等可能概型**.

在古典概型的假定下,随机现象所有可能发生的基本事件是有限多、互不相容的,因而容易演绎出一个计算任意事件 A 的概率的公式

$$P(A)=\frac{\text{事件 } A \text{ 所包含的基本事件的个数}}{\text{样本空间 } S \text{ 所包含的基本事件的总数}} \xlongequal{\triangle} \frac{k_A}{n}.$$

例 1.5 盒中有红、黄、白球各一个,有放回地摸 3 次,每次摸一个,观察出现的颜色. 求 $P\{$全红$\}$,$P\{$无红$\}$,$P\{$有白出现$\}$,$P\{$全黄或全白$\}$,$P\{$无白或无黄$\}$.

解 从盒中任取一个球有 3 种颜色可能出现,有放回地摸 3 次,所有可能的颜色结果组合对应着所有可能的取法组合,共有 $3\times3\times3=27$ 种,即 $n=27$. 于是有

$$P\{\text{全红}\}=\frac{k_{\text{全红}}}{n}=\frac{C_1^1 C_1^1 C_1^1}{27}=\frac{1}{27};$$

$$P\{\text{无红}\}=\frac{k_{\text{无红}}}{n}=\frac{C_2^1 C_2^1 C_2^1}{27}=\frac{8}{27}; \quad (\text{注}:P\{\text{无红}\}\neq 1-P\{\text{全红}\})$$

$$P\{\text{有白出现}\}=1-P\{\text{无白}\}=1-\frac{8}{27}=\frac{19}{27};$$

$$P\{\text{全黄或全白}\}=P\{\text{全黄}\}+P\{\text{全白}\}=\frac{2}{27}; \quad (\text{注}:\text{全黄},\text{全白是互不相容事件})$$

$$P\{\text{无白或无黄}\}=P\{\text{无白}\}+P\{\text{无黄}\}-P\{\text{无白且无黄}\}=\frac{8}{27}+\frac{8}{27}-\frac{1}{27}=\frac{15}{27}.$$

例 1.6 将 n 个球随机地放到 $N(N\geqslant n)$ 个盒子中去,试求每个盒子至多有一只球的概率(设盒子的容量不限).

解 将 n 只球放入 N 个盒子中,由于每一个球都可以放入 N 个盒子中的任何一个,故 n 个球共有 N^n 种不同的放法(重复排列). 记事件 $A=\{$每个盒子中至多放一个球$\}$,则有利于 A 发生,可以先从 N 个盒子中挑出 n 个盒子,然后依次将 n 个球放入到 n 个盒子,这样 $K_A=C_N^n \cdot n(n-1)\cdots 2 \cdot 1$(也可以直接从 N 个盒子中选 n 个进行选排列). 于是

$$P(A)=\frac{A_N^n}{N^n}.$$

古典概型是一种简单化的数学模型,无需经过任何统计试验即可计算各种可能发生结果的概率,古典概型的计算常常涉及组合数学中的排列组合理论,这种计算是没有误差的;同时,古典概型又是一种理想化的数学模型,它所假想的世界从严格意义上讲是不存在的. 例如,在掷骰子的试验中,骰子质地的不均匀、环境的温度与风速等因素都会对试验结果形成一定的影响,所以六个面出现的可能性通常不是严格均等的.

1.1.3　条件概率与事件的独立性

1. 条件概率与乘法公式

世界万物大多都是互相联系、互相影响的,随机事件也不例外.在同一个试验中的不同事件之间,通常会存在着一定程度的相互影响.例如,在天气状况恶劣的情况下交通事故发生的可能性明显比天气状况优良情况下要大得多.直观上,把在一个事件 A 已发生的前提条件下事件 B 发生的概率,称为事件 B 的条件概率,记为 $P(B|A)$.

例 1.7(抓阄问题)　盒中有 10 个球,其中 8 只为白球 2 只为红球.现从中任取两次,每次取一只,取后不放回(也称**不放回抽样**).试求:(1)第一次取到红球的概率;(2)已知第一次取到的是红球时,第二次也取到红球的概率;(3)前两次都取到红球的概率.

解　为表述方便,记 $A=\{第一次取到红球\},B=\{第二次取到红球\}$.

(1) 求 $P(A)$,这是典型的古典概型问题,有

$$P(A)=\frac{2}{10}.$$

(2) 要求的就是 $P(B|A)$,在 A 已发生的前提下,我们明确知道盒中还剩余共 9 个球,8 白一红(这时称样本空间缩减了),仍然按古典概型计算可得

$$P(B|A)=\frac{1}{9}.$$

(3) 所求可简单地表示为 $P(AB)$,它等同于从 10 个球中一次(或依次)抓取两个,两个都是红球的概率,同理可按古典概率方法求其概率,有

$$P(AB)=\frac{C_2^2}{C_{10}^2}=\frac{1}{45} \quad \left(或\ P(AB)=\frac{2\times1}{10\times9}\right).$$

区别于条件概率,事件 B 的概率 $P(B)$ 也称为 B 的无条件概率.通常情况下,$P(B|A)\neq P(B)$.例如,就上例而言,结合生活经验可以知道抓阄是公平的,也就是说 $P(B)=P(A)=\frac{2}{10}$.

显然,并非所有的条件概率都可以像上例中的 $P(B|A)$ 一样在缩减的样本空间上简单地算出,如该例中的 $P(A|B)$ 就无法这样计算了.

在数学上,条件概率有如下严格定义.

定义 1.2　设 A,B 是两个事件,且 $P(A)\geqslant0$,则称

$$P(B|A)=\frac{P(AB)}{P(A)} \tag{1-1}$$

为在事件 A 发生的条件下事件 B 发生的**条件概率**.

注意,式(1-1)既是条件概率的定义式,同时也常作为条件概率的计算公式. 例如,在例 1.7 中,若要计算 $P(A|B)$,可有

$$P(A|B)=\frac{P(AB)}{P(B)}=\frac{1}{9}.$$

由式(1-1)可以得出概率的**乘法公式**:设 $P(A)\geqslant 0$,则

$$P(AB)=P(A)P(B|A),$$

而且这一公式也可以推广到多个事件的情形,如设 $P(A_1A_2A_3)>0$,则有

$$P(A_1A_2A_3)=P(A_1)P(A_2|A_1)P(A_3|A_1A_2).$$

当条件概率容易在缩减的样本空间上直接计算时,乘法公式可以帮助我们较容易地计算出多个事件的乘积的概率.

例 1.8　一批产品共 100 件,次品率 10%,每次从中任取一件,取后不放回且连取三次,求在第三次才取到合格品的概率?

解　记 $A_i=\{$第 i 次取到的是合格产品$\}(i=1,2,3)$,则所求为事件 $\overline{A_1}\overline{A_2}A_3$ 的概率,由于

$$P(\overline{A_1})=\frac{10}{100},\quad P(\overline{A_2}|\overline{A_1})=\frac{9}{99},\quad P(A_3|\overline{A_1}\overline{A_2})=\frac{90}{98},$$

所以依乘法公式得

$$P(\overline{A_1}\overline{A_2}A_3)=P(\overline{A_1})P(\overline{A_2}|\overline{A_1})P(A_3|\overline{A_1}\overline{A_2})=\frac{10}{100}\times\frac{9}{99}\times\frac{90}{98}\approx 0.0083.$$

注　实际上,按古典概率方法可以直接计算出所求概率,读者可自行尝试.

2. 全概率公式与贝叶斯公式

类似例 1.8 的做法,对于一些复杂事件的概率计算,可以先把这些事件分解成若干个较简单的事件的和或者乘积等,然后借助加法公式或乘法公式等求得其概率. 全概率公式和贝叶斯公式就是基于这种思路导出的较常用的两个概率计算公式.

例 1.9(抓阄问题续)　在例 1.7 中,继续求:

(4) 第二次取到红球的概率;

(5) 已知第二次取到的是红球,由此推断第一次取到红球的概率大还是取到白球的概率大.

解　同样仍分别用 A,B 表示第一次、第二次取到红球的事件.

(4) 前面曾说过依据生活常识知 $P(B)=\frac{2}{10}$,而实际上 $P(B)$ 的计算要较 $P(A)$ 复杂得多. 易知,B 的发生受且仅受事件 A 发生与否的影响. 如果已知 A 发生,则 B 发生的概率为 $P(B|A)=\frac{1}{9}$;如果已知 A 不发生,则 B 发生的概率为 $P(B|\overline{A})=\frac{2}{9}$.

这时,可以先把事件 B 表示成 $B=B(A\cup\overline{A})=BA\cup B\overline{A}$,进而由加法公式和乘法公式可得

$$P(B)=P(BA\cup B\overline{A})=P(BA)+P(B\overline{A})$$

$$=P(A)P(B|A)+P(\overline{A})P(B|\overline{A})=\frac{2}{10}\times\frac{1}{9}+\frac{8}{10}\times\frac{2}{9}=\frac{2}{10}.$$

(5) 所求实际上就是比较 $P(A|B)$ 和 $P(\overline{A}|B)$ 的大小. 显然,我们无法按缩减的样本空间直接计算这两个条件概率,但在上一问中,我们已经解决了复杂事件 B 的概率计算,现在依据条件概率的定义式再结合乘法公式以及上面对 $P(B)$ 的推导,可以得出

$$P(A|B)=\frac{P(AB)}{P(B)}=\frac{P(A)P(B|A)}{P(A)P(B|A)+P(\overline{A})P(B|\overline{A})}$$

$$=\frac{\dfrac{2}{10}\times\dfrac{1}{9}}{\dfrac{2}{10}\times\dfrac{1}{9}+\dfrac{8}{10}\times\dfrac{2}{9}}=\frac{1}{9}.$$

$$P(\overline{A}|B)=\frac{P(\overline{A})P(B|\overline{A})}{P(A)P(B|A)+P(\overline{A})P(B|\overline{A})}=\frac{\dfrac{8}{10}\times\dfrac{2}{9}}{\dfrac{2}{10}}=\frac{8}{9}.$$

可见,若已知第二次取得的是红球,可推断出第一次取到白球的概率是取到红球的概率的 8 倍.

一般地,若有事件 $A_1,A_2,\cdots,A_n$ 满足

(1) $A_1,A_2,\cdots,A_n$ 互不相容,且 $P(A_i)>0(i=1,2,\cdots,n)$;

(2) $A_1\cup A_2\cup\cdots\cup A_n=S$.

则对任一事件 $B\subset S$,有

　　a) **全概率公式**　$P(B)=\displaystyle\sum_{i=1}^{n}P(A_i)P(B\mid A_i)$.

　　b) **贝叶斯公式**　$P(A_i\mid B)=\dfrac{P(A_i)P(B\mid A_i)}{\displaystyle\sum_{i=1}^{n}P(A_i)P(B\mid A_i)},\quad i=1,2,\cdots,n.$

3. 事件的独立性与伯努利概型

设 A,B 是试验 E 的两个事件,直观上,如果 A 的发生与否对 B 不产生任何影响,就说它们是相互独立的. 这种情况从数学概念上分析,相当于 $P(B|A)=P(B)$(设 $P(A)>0$),这时有 $P(AB)=P(B|A)P(A)=P(A)P(B)$,因此有以下定义.

定义 1.3　设 A,B 是两事件,如果满足

$$P(AB) = P(A)P(B), \tag{1-2}$$

则称事件 A, B **相互独立**.

事件的独立性可以推广至多个事件的情形,一般地,设 $A_1, A_2, \cdots, A_n$ 是 $n(\geqslant 2)$ 个事件,如果其中任意 2 个,任意 3 个,$\cdots$,任意 $n-1$ 个以及这 n 个事件的积事件的概率都等于各事件概率之积,则称事件 $A_1, A_2, \cdots, A_n$ **相互独立**.

显然,n 个事件相互独立的条件是很强的,远高于它们"两两相互独立". 例如,对于三个事件 A, B, C 而言,它们相互独立指的是它们既两两相互独立,即满足

$$\begin{cases} P(AB) = P(A)P(B), \\ P(AC) = P(A)P(C), \\ P(BC) = P(B)P(C), \end{cases}$$

同时又满足

$$P(ABC) = P(A)P(B)P(C).$$

在实际应用中,我们常常是依据直观上对事件间的相互关系得出独立性的判断的. 而一旦确知事件 $A_1, A_2, \cdots, A_n$ 是相互独立的了,那么容易推知它们当中任何一部分事件之间,甚至它们的对立事件之间都也相互独立,进而它们乘积的概率等于概率的乘积.

例 1.10 设有两台自动化设备在工作中,第一台设备在 8 小时内出故障的概率为 10%,第二台在 8 小时内出故障的概率为 15%,求 8 小时内 2 台设备都不出故障的概率.

解 记 $A_i = \{$第 i 台设备出了故障$\}$,$i = 1, 2$,则 $\overline{A}_1$ 与 $\overline{A}_2$ 相互独立,于是

$$P(\overline{A}_1 \overline{A}_2) = P(\overline{A}_1)P(\overline{A}_2) = (1 - P(A_1))(1 - P(A_2)) = 0.9 \times 0.85 = 0.765.$$

在实际应用中,我们常常需要把同一试验重复进行若干次并对结果进行综合研究分析. 具有以下特征的重复进行的试验,称为 n **重伯努利试验**:

(1) 每一次试验都在相同的条件下进行,且各次试验结果发生的可能性不受其他各次试验结果发生情况的影响,也即这 n 次试验相互独立;

(2) 每次试验都仅考虑两个可能结果:事件 A 和事件 $\overline{A}$,且在每次试验中都有 $P(A) = p, P(\overline{A}) = 1 - p$.

n 重伯努利试验简称伯努利试验或伯努利概型,它是一种重要的、基本的概率模型,许多实际问题,如抛一枚硬币 n 次观察正反面朝上的情况,重复打靶 n 次观察中靶的情况,有放回地抽样检查观察产品的正次品情况等,都可作为伯努利概型.

在 n 重伯努利试验中,我们最关注的是事件 A 恰好发生了 $k(k \leqslant n)$ 次的概率. 可以推出,这一概率为

$$P_n(k) = C_n^k p^k (1-p)^{n-k}, \quad k = 0, 1, 2, \cdots, n, \quad 0 < p < 1. \tag{1-3}$$

公式(1-3)也称为**二项概率公式**.

例 1.11　某店内有 4 名售货员,根据经验每名售货员平均在 1 小时内用秤 15 分钟.问该店配置几台秤较为合理.

解　将观察每名售货员在某时刻是否用秤看成一次试验,那么 4 名售货员在同一时刻是否用秤可看成 4 重伯努利试验.于是问题就转化成求出某一时刻恰有 i 人($i=1,2,3,4$)在同时用秤的概率,由此做出决断.

由式(1-3),同一时刻恰有 i 个人同时用秤的事件记为 $A_i,i=1,2,3,4$,则

$$P(A_1)=C_4^1\left(\frac{1}{4}\right)^1\left(\frac{3}{4}\right)^3=\frac{27}{64},$$

$$P(A_2)=C_4^2\left(\frac{1}{4}\right)^2\left(\frac{3}{4}\right)^2=\frac{27}{128},$$

$$P(A_3)=C_4^3\left(\frac{1}{4}\right)^3\left(\frac{3}{4}\right)^1=\frac{3}{64},$$

$$P(A_4)=C_4^4\left(\frac{1}{4}\right)^4\left(\frac{3}{4}\right)^0=\frac{1}{256}.$$

从计算结果看,一般情况下只有一位售货员用秤的概率最大,故配备 2 台秤就基本可以满足要求.

1.2　随机变量及分布

在近代概率论中,为了更加全面、广泛地研究随机试验的结果,揭示随机现象的统计规律性,人们将随机试验的结果与实数对应起来,将随机试验的结果数量化,引入了随机变量的概念,并借助各种高等数学知识描述、表达进而研究随机现象的各种可能结果以及这些结果分别能以多大的概率发生的问题.

1.2.1　一维随机变量及其分布

1. 随机变量及其分布函数

现实生活中,很多随机现象的试验结果可以直接用数量来表示. 例如,掷一枚骰子出现的点数,做一种试验直到成功为止时所需要进行的试验次数等. 此外,也有一些随机现象的试验结果可以间接地用数量来表示. 例如,在产品检验中,建立对应关系:不合格↔0,合格↔1.类似地,在抓阄问题(例 1.7)中,可以建立对应:红球↔1,白球↔0. 这样,使得随机试验的每一个可能的结果都可以与一个实数或实数组相对应,这种对应在本质上确定了一个从样本空间 S 到实数集之间的映射,称之为一个**随机变量**,用大写字母 $X,Y,Z,\cdots$ 表示.

直观地讲,随机变量就是这样一种实值变量,它依赖于某一个随机试验,其取值是随着试验结果的不同而变化的,当试验结果确定之后,它的值也就完全确定了,在试验之前我们可以确知它的可能取值的范围,但不能确定它将取哪一个具体的数值.

例 1.12 一种有奖彩票的每 1 万张中分别设置一、二、三等奖各 $5, 20, 200$ 个,奖金(单位:元)分别为 $5000, 1000, 50$,试用随机变量描述中奖的状况.

解 用 X 表示购该彩票一张的可能中奖金额,则 X 是一个随机变量,它的所有可能取值为 $\{0, 50, 1000, 5000\}$.

引入随机变量的实际意义是,试验中的任一随机事件都可以通过随机变量来表示. 例如,在上例中,试验的所有基本事件可以分别表示为 $\{X=0\}$,$\{X=50\}$,$\{X=1000\}$,$\{X=5000\}$,而事件{购该彩票一张就恰好中奖}可以表示成 $\{X \geqslant 50\}$ 等. 正因为随机变量可以描述随机试验中的各种随机事件,使得我们可以摆脱只是孤立地研究随机试验的一个或几个事件,而通过随机变量将所有事件联系起来,进而研究随机试验的全貌.

按照取值特点的不同,常见的随机变量一般可分为离散型和连续型两类. 若随机变量 X 的取值可以被一一列举(即有限个或可列的无限多个),则称 X 为**离散型随机变量**,如彩票中奖的金额,某城市 120 急救电话台一昼夜收到的呼唤次数等;若随机变量的取值充满了某一区间(不能被一一列举),则一般可称为连续型随机变量,如小麦的亩产量,某电子元件的使用寿命等.

为了研究随机变量的概率规律,我们常常需要研究它落在某区间 $(x_1, x_2]$ 中的概率,即求 $P\{x_1 < X \leqslant x_2\}$,但由于 $P\{x_1 < X \leqslant x_2\} = P\{X \leqslant x_2\} - P\{X \leqslant x_1\}$,故问题可以归结为研究形如 $P\{X \leqslant x\}$ 的概率问题,其中 x 为任意实数. 显然事件 $\{X \leqslant x\}$ 的概率 $P\{X \leqslant x\}$ 依赖于 x 的变化而变化,它是 x 的函数,称这个函数为随机变量 X 的**分布函数**,记为 $F(x)$,即

$$F(x) = P\{X \leqslant x\}. \tag{1-4}$$

分析易知,分布函数是一种单调不减、实值、有界的普通函数. 对于任意实数 $x_1, x_2 (x_1 < x_2)$,有

$$P\{x_1 < X \leqslant x_2\} = P\{X \leqslant x_2\} - P\{X \leqslant x_1\} = F(x_2) - F(x_1).$$

因此,若已知 X 的分布函数,就能知道 X 落在任意区间 $(x_1, x_2]$ 的概率,从这个意义上说,分布函数全面地描述了随机变量的统计规律性.

2. 离散型随机变量及其概率分布

定义 1.4 设离散型随机变量 X 的所有可能取值为 $x_k (k = 1, 2, \cdots)$,X 取各个可能值的概率,即事件 $\{x = x_k\}$ 的概率为 $P\{x = x_k\} = p_k (k = 1, 2, \cdots)$ 称为 X 的**概率分布**(也称分布律).

离散型随机变量的概率分布也可用表格的形式表示为

X	x_1	x_2	$\cdots$	x_k	$\cdots$
P	p_1	p_2	$\cdots$	p_k	$\cdots$

例如,在例 1.12 中,随机变量 X 的概率分布为

X	0	50	1000	5000
P	0.9775	0.02	0.002	0.0005

离散型随机变量的概率分布具有如下基本性质:

(1) $p_k \geqslant 0 (k=1,2,\cdots)$;

(2) $\sum\limits_{k=1}^{\infty} p_k = 1$.

此外,对于离散型随机变量而言,它的分布函数是一个阶梯函数,它与分布律的关系为

$$F(x) = \sum_{x_i \leqslant x} p_i.$$

例如,例 1.12 中随机变量 X 的分布函数为

$$F(x)=\begin{cases} 0, & x<0, \\ 0.9775, & 0 \leqslant x<50, \\ 0.9975, & 50 \leqslant x<1000, \\ 0.9995, & 1000 \leqslant x<5000, \\ 1, & x \geqslant 5000. \end{cases}$$

下面介绍三种常见的离散型随机变量.

1) (0-1)分布

设随机变量 X 只取 0,1 两个值,且 $P(X=1)=p, P(X=0)=1-p$,则称 X 服从参数为 p 的(0-1)分布,记作 $X \sim (0-1)$.(0-1)分布的分布律也可写成

X	0	1
P	$1-p$	p

例 1.13　一批产品的废品率为 2%,从中任意抽取一个进行检验,用随机变量描述出现废品的可能性情况.

解　用 X 表示所抽到的废品的个数,则 X 的可能取值为 0 或 1.

$$P\{X=0\}=P\{抽到的产品为合格品\}=1-2\%=98\%,$$
$$P\{X=1\}=P\{抽到的产品为废品\}=2\%,$$

所以 X 的概率分布为

X	0	1
P	0.98	0.02

2) 二项分布

如果随机变量 X 具有概率分布

$$p_k = P\{X=k\} = C_n^k p^k q^{n-k}, \quad k = 0, 1, 2, \cdots, n, \tag{1-5}$$

其中 $0 < p < 1, q = 1-p$,则称 X 服从参数为 n, p 的二项分布,记作 $X \sim B(n, p)$.

二项分布实际就是描述 n 重伯努利试验中事件 A 出现的次数的数学模型.

例 1.14 某人进行射击,设每次射击的命中率为 0.02,独立射击 400 次,试求至少击中两次的概率.

解 将 400 次射击看成 400 重伯努利试验,用 X 表示命中的次数,则
$$X \sim B(400, 0.02).$$
于是所求概率为
$$P\{X \geqslant 2\} = 1 - P\{X=0\} - P\{X=1\}$$
$$= 1 - (0.98)^{400} - 400 \times 0.02 \times (0.98)^{399} \approx 0.9972.$$

3)泊松分布

如果随机变量 X 的所有可能取值为 $0, 1, 2, \cdots$,且取各个值的概率为
$$P\{X=k\} = \frac{\lambda^k e^{-\lambda}}{k!}, \quad k = 0, 1, 2, \cdots, \tag{1-6}$$

其中 $\lambda > 0$ 是常数,则称 X 服从参数为 λ 的泊松分布,记作 $X \sim P(\lambda)$.

泊松分布首先是作为二项分布的近似计算提出的,当二项分布的 n 较大、p 较小时,直接用二项分布公式计算概率太复杂,这时可以用泊松分布近似计算其概率
$$C_n^k p^k (1-p)^{n-k} \approx \frac{\lambda^k e^{-\lambda}}{k!}, \tag{1-7}$$

其中 $\lambda = np$. 而泊松分布的方便之处在于有现成的泊松分布表(附表 1)可查,可免去复杂的计算.

在实际应用中,服从或近似服从泊松分布的随机变量是很多的. 例如,某一医院在一天内的急诊患者人数,某地区在一个时间段内发生的交通事故次数,显微镜下落在某个区域中的微生物数目等.

例 1.15 某公共汽车站单位时间内的候车人数服从参数 $\lambda = 8$ 的泊松分布,求该公共汽车站单位时间内候车人数小于 5 的概率.

解 记该车站单位时间内的候车人数为 X,则由题知 $X \sim P(8)$,故
$$P\{X < 5\} = \sum_{k=0}^{4} \frac{8^k}{k!} e^{-8}.$$
查附表 1 知
$$P\{X < 5\} = 0.0003 + 0.0027 + 0.0107 + 0.0286 + 0.0573 = 0.0996.$$

3. 连续型随机变量及其概率分布

对于连续型随机变量,由于其可能取值不能一个一个地列举出来,因而无法像离散型随机变量那样用分布律来描述它,为此我们引入概率密度函数的概念,以对

其进行描述.

定义 1.5　设 $F(x)$ 为随机变量 X 的分布函数,若存在非负可积函数 $f(x)$,使得对任何实数 x,都有

$$F(x) = P\{X \leqslant x\} = \int_{-\infty}^{x} f(x)\mathrm{d}x, \tag{1-8}$$

则称 X 为**连续型随机变量**,并称 $f(x)$ 为 X 的**概率密度函数**,简称概率密度.

概率密度函数在几何上对应着 x 轴上方的一条曲线,它有如下基本性质:

(1) $f(x) \geqslant 0$;

(2) $\int_{-\infty}^{+\infty} f(x)\mathrm{d}x = 1$;

(3) 对于任意实数 $x_1, x_2 (x_1 < x_2), P\{x_1 < X \leqslant x_2\} = \int_{x_1}^{x_2} f(x)\mathrm{d}x$;

(4) 在 $f(x)$ 的连续点处, $f(x) = F'(x)$.

显然,连续型随机变量的分布函数 $F(x)$ 一定是连续函数,又由(4)可知,在 $f(x)$ 的连续点处

$$f(x) = \lim_{\Delta x \to 0^+} \frac{F(x+\Delta x) - F(x)}{\Delta x} = \lim_{\Delta x \to 0^+} \frac{P\{x < X \leqslant x+\Delta x\}}{\Delta x}.$$

因此,若不计高阶无穷小,有

$$P\{x < X \leqslant x+\Delta x\} \approx f(x) \cdot \Delta x.$$

这意味着 $f(x)$ 的函数值对应着 X 落在单位长度区间上的概率值,故在 $f(x)$ 取值较大的点的附近, X 的取值概率大,相反在 $f(x)$ 取值较小的点附近, X 取值的概率也小.

下面介绍三种常见的连续型随机变量.

1) 均匀分布

若随机变量 X 具有概率密度

$$f(x) = \begin{cases} \dfrac{1}{b-a}, & a < x < b, \\ 0, & \text{其他}, \end{cases}$$

则称 X 在区间 (a,b) 上服从均匀分布,记作 $X \sim U(a,b)$. $f(x)$ 的图像如图 1-1 所示.

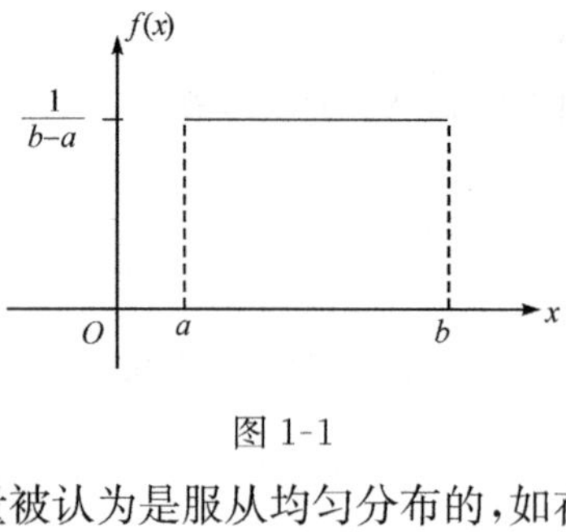

在区间 (a,b) 上服从均匀分布的随机变量 X,具有下述意义的等可能性:它落在区间 (a,b) 中任意等长度的子区间内的可能性是相同的,或者说它落在 (a,b) 中任一子区间的概率与该子区间的位置无关. 实际问题中有许多随机变量被认为是服从均匀分布的,如在定时定间隔发车的公共汽车站上,随机到达的乘客的候车时间 X 等.

图 1-1

例 1.16　在区间 $[0,10]$ 上任意投掷一个质点,以 X 表示这个质点的坐

标.设该质点落在[0,10]中任意小区间内的概率与这个小区间的长度成正比,试求 $P\{X>6\}$.

解 依题意知,$X\sim U[0,10]$,故其概率密度为

$$f(x)=\begin{cases}\dfrac{1}{10}, & 0\leqslant x\leqslant 10, \\ 0, & 其他,\end{cases}$$

故 $P\{X>6\}=\displaystyle\int_6^{10}\dfrac{1}{10}\mathrm{d}x=\dfrac{2}{5}$.

2) 指数分布

若随机变量 X 的概率密度函数为

$$f(x)=\begin{cases}\lambda\mathrm{e}^{-\lambda x}, & x\geqslant 0, \\ 0, & 其他,\end{cases}$$

其中 $\lambda>0$ 为常数,则称 X 服从参数为 λ 的指数分布,记作 $X\sim E(\lambda)$. $f(x)$ 的图像如图 1-2 所示.

指数分布常用来作为各种"寿命"分布的近似,如无线电元件的寿命,动物的寿命,电话的通话时间等都被认为是服从指数分布的,它在可靠性理论与排队论中有广泛的应用.

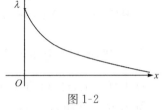

图 1-2

例 1.17 设某仪器的使用寿命 X(单位:万小时)服从参数为 $\dfrac{1}{15}$ 的指数分布,求该仪器使用超过 30 万小时的概率.

解 由题知 $X\sim E\left(\dfrac{1}{15}\right)$,故其概率密度函数为

$$f(x)=\begin{cases}\dfrac{1}{15}\mathrm{e}^{-\frac{x}{15}}, & x\geqslant 0, \\ 0, & 其他,\end{cases}$$

所以 $P\{X>30\}=\displaystyle\int_{30}^{+\infty}\dfrac{1}{15}\mathrm{e}^{-\frac{x}{15}}\mathrm{d}x=\mathrm{e}^{-2}\approx 0.135$.

3) 正态分布

若随机变量 X 的概率密度函数为

$$f(x)=\dfrac{1}{\sqrt{2\pi}\sigma}\mathrm{e}^{-\frac{(x-\mu)^2}{2\sigma^2}}, \quad -\infty<x<+\infty, \tag{1-9}$$

其中 μ,σ 为常数($\sigma>0$),则称 X 服从参数为 μ,σ^2 的正态分布,记作 $X\sim N(\mu,\sigma^2)$. $f(x)$ 的图像如图 1-3(a) 所示.

特别地,当 $\mu=0,\sigma=1$ 时,称 X 服从**标准正态分布**,记为 $X\sim N(0,1)$.

常用 $\varphi(x)$ 和 $\Phi(x)$ 分别表示标准正态分布的概率密度函数和分布函数:

$$\varphi(x)=\dfrac{1}{\sqrt{2\pi}}\mathrm{e}^{-\frac{x^2}{2}}, \quad -\infty<x<+\infty,$$

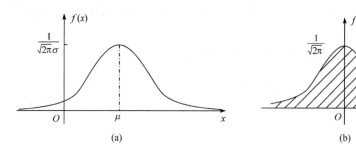

图 1-3

$$\Phi(x) = P(X \leqslant x) = \frac{1}{\sqrt{2\pi}} \int_{-\infty}^{x} \mathrm{e}^{-\frac{x^2}{2}} \mathrm{d}x, \quad -\infty < x < +\infty,$$

$\varphi(x)$ 的图像如图 1-3(b) 所示,其中阴影的面积即为 $\Phi(x)$ 的函数值.

标准正态分布的分布函数值可由标准正态分布表查得(附表 2).

一般地,若 $X \sim N(\mu, \sigma^2)$,通过一个线性变换 $\dfrac{X-\mu}{\sigma} = Z$ 就可以将其化成标准正态分布,进而 X 的分布函数 $F(x) = \Phi\left(\dfrac{x-\mu}{\sigma}\right)$. 因此仅依赖标准正态分布表,可以计算所有的正态分布的分布函数值.

例 1.18　已知 $X \sim N(1, 4)$,求 $P\{1 < X \leqslant 4\}$.

解　$P\{1 < X \leqslant 4\} = F(4) - F(1) = \Phi\left(\dfrac{4-1}{2}\right) - \Phi\left(\dfrac{1-1}{2}\right)$

$$= \Phi(1.5) - \Phi(0).$$

查表可得 $P\{1 < X \leqslant 4\} = 0.9332 - 0.5 = 0.4332$.

正态分布在实际中是一种最常见的随机变量分布,在自然界与工程技术中,许多随机变量都服从或近似服从正态分布.例如,测量误差,同龄人的身高、体重,学生的考试成绩,农作物的产量等.同时,由于正态分布可以导出一些其他分布,还有一些类型的分布在一定条件下可以用正态分布来近似,所以正态分布在概率统计中占有特别重要的地位.

例 1.19　公共汽车车门的高度是按男子与车门碰头机会在 0.01 以下来设计的.设男子身高 X 服从 $\mu = 168\text{cm}, \sigma = 7\text{cm}$ 的正态分布,问车门的高度应如何确定.

解　假定车门的高度为 $h\text{cm}$,由题意有

$$P\{X \geqslant h\} \leqslant 0.01 \quad \text{或者} \quad P\{X < h\} \geqslant 0.99.$$

因 $X \sim N(168, 7^2)$,故 $P\{X < h\} = \Phi\left(\dfrac{h-168}{7}\right)$,查表知

$$\Phi(2.33) \approx 0.9901 > 0.99.$$

因此可取 $\dfrac{h-168}{7}=2.33$，解得 $h-168+7\times2.33=184.31\,(\mathrm{cm})$.

所以车门高度为 184.31cm 时，男子与车门碰头的机会在 0.01 以下.

实际应用中经常会遇到一类已知分布函数的值 $\Phi(x)$，来求自变量 x 相应的值的问题，我们有以下定义.

定义 1.6　假设 $X\sim N(0,1)$，对于给定的实数 $\alpha(0<\alpha<1)$，如果实数 t 满足
$$P\{X>t\}=\alpha,$$
则称 t 为标准正态分布的**上 α 分位点**，并记之为 z_α.

如图 1-4 所示，易知 z_α 也就是满足 $\Phi(x)=1-\alpha$ 的点 x，因此给定 α 后，一般可以通过标准正态分布表查得 z_α 的近似值. 例如，$z_{0.01}\approx2.327$，$z_{0.025}=1.96$ 等.

类似地，满足 $P\{X<t_1\}=\alpha/2$ 和 $P\{X>t_2\}=\alpha/2$ 的实数 t_1，t_2 称为该分布的**双侧 α 分位点**.

由于标准正态分布的概率密度是关于纵轴对称的，如图 1-5 所示，因此不难得知其双侧 α 分位点分别就是它的上 $\alpha/2$ 分位点 $z_{\alpha/2}$ 和上 $1-\alpha/2$ 分位点 $z_{1-\alpha/2}$，而 $z_{1-\alpha/2}=-z_{\alpha/2}$.

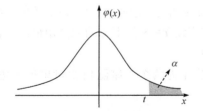
图 1-4　标准正态分布的上 α 分位点

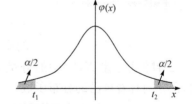
图 1-5　标准正态分布的双侧 α 分位点

1.2.2　多维随机变量及其分布

1. 多维随机变量及其分布函数

在许多实际问题中，随机试验的结果常常需要两个或两个以上的随机变量来描述. 例如：观察炮弹的落地点 e 的位置通常需要该点的横坐标 $X(e)$ 和纵坐标 $Y(e)$ 来确定，而 $X(e)$ 和 $Y(e)$ 是定义在同一个样本空间上的两个随机变量. 再如，炼钢厂出的每炉钢中，钢的硬度、含碳量、含硫量等都是衡量钢的质量时需要同时考虑的指标，它们也都是随机变量. 在这些问题的研究中，逐一对所涉及的随机变量进行研究是不够的，我们往往更需要研究这些随机变量相互之间的联系与影响.

在概率论中，把定义在同一随机试验的样本空间上的 n 个随机变量 X_1，X_2，$\cdots$，$X_n(n\geqslant2)$ 看成一个整体，组成一个有序数组 $(X_1,X_2,\cdots,X_n)$，称之为一个 **n 维随**

机变量或 n 维随机向量.

由于二维与 $n(n\geqslant 3)$ 维随机变量的研究方法和所得结果没有什么本质的区别,为简便起见,本节将主要以二维的情形为例展开讨论,其结果也适应于 $n(n\geqslant 3)$ 维的情况.

与一维的情形类似,研究二维随机变量的首要任务是明确它的可能取值以及取这些值的概率分布状况.对于一般的二维随机变量,也通过分布函数来描述其概率分布规律.

设 (X,Y) 是二维随机变量,对于任意实数 x,y,称

$$F(x,y)=P\{X\leqslant x,Y\leqslant y\}$$

为二维随机变量 (X,Y) 的分布函数,也称为一维随机变量 X 和 Y 的联合分布函数.

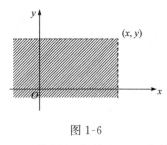

图 1-6

在定义中不难分析出,分布函数 $F(x,y)=P(X\leqslant x,Y\leqslant y)$ 是一种定义在 $\mathbf{R}^2$ 上的非负值有界函数.如果把二维随机变量 (X,Y) 看成是平面上的随机点的坐标,分布函数 $F(x,y)=P(X\leqslant x,Y\leqslant y)$ 在 (x,y) 处的函数值就是随机点 (X,Y) 落在直线 $X=x$ 的左侧和直线 $Y=y$ 的下方的无穷矩形区域内的概率(图 1-6).

二维随机变量 (X,Y) 中的分量 X 和 Y,若作为两个一维随机变量单独考虑,它们也分别有着自己的分布函数

$$F_X(x)=P\{X\leqslant x\}\quad \text{和}\quad F_Y(y)=P\{Y\leqslant y\},$$

这两个函数也分别称为二维随机变量 (X,Y) 关于 X 的和关于 Y 的边缘分布函数.

同样,针对可能取值的情况的不同,常见的二维随机变量也分为离散型和连续型两类.

2. 多维随机变量的概率分布

二维随机变量 (X,Y) 的可能取值对应的是二维空间(平面) $\mathbf{R}^2$ 上的实数对(点).

定义 1.7   如果随机变量 (X,Y) 的全部可能取值是有限多对或可列无穷多对,则称 (X,Y) 是**二维离散型的随机变量**.若记 (X,Y) 的所有可能取值为 (x_i,y_j),$i,j=1,2,\cdots$,且

$$P\{X=x_i,Y=y_j\}=P\{(X,Y)=(x_i,y_j)\}=p_{ij},\quad i,j=1,2,\cdots,$$

则称 $p_{ij}(i,j=1,2,\cdots)$ 为二维离散型随机变量 (X,Y) 的**概率分布**或**分布律**,也称之为随机变量 X 和 Y 的**联合分布律**.

二维离散型随机变量的分布也可以用如下的表格形式给出:

X \ Y	y_1	y_2	$\cdots$	y_j	$\cdots$
x_1	p_{11}	p_{12}	$\cdots$	p_{1j}	$\cdots$
x_2	p_{21}	p_{22}	$\cdots$	p_{2j}	$\cdots$
$\vdots$	$\vdots$	$\vdots$		$\vdots$	
x_i	p_{i1}	p_{i2}	$\cdots$	p_{ij}	$\cdots$
$\vdots$	$\vdots$	$\vdots$		$\vdots$	

它也满足如下基本性质：

(1) $p_{ij} \geqslant 0, i, j = 1, 2, \cdots$;

(2) $\sum\limits_{i} \sum\limits_{j} p_{ij} = 1$.

例 1.20 把一枚硬币连掷 3 次,用 X 表示 3 次中出现正面的次数,Y 表示 3 次中出现正面次数与出现反面次数的差的绝对值,求二维随机变量 (X,Y) 的概率分布.

解 由于 $Y = |X-(3-X)| = |2X-3|$,X 的所有可能取值为 0,1,2,3,因而 Y 的所有可能取值为 1,3,故 (X,Y) 的所有可能取值为 $(0,1),(0,3),(1,1),(1,3),(2,1),(2,3),(3,1)$ 和 $(3,3)$.

注意到 $X \sim B\left(3, \dfrac{1}{2}\right)$,且就本题而言 $\{X=0, Y=3\} \equiv \{X=0\}$,故

$$P\{X=0, Y=3\} = P\{X=0\} = \left(\frac{1}{2}\right)^3 = \frac{1}{8}.$$

类似地

$$P\{X=1, Y=1\} = P\{X=1\} = 3 \times \frac{1}{2} \times \left(\frac{1}{2}\right)^2 = \frac{3}{8}.$$

$$P\{X=2, Y=1\} = P\{X=2\} = 3 \times \left(\frac{1}{2}\right)^2 \times \frac{1}{2} = \frac{3}{8}.$$

$$P\{X=3, Y=3\} = P\{X=3\} = \left(\frac{1}{2}\right)^3 = \frac{1}{8}.$$

且 $\{X=0, Y=1\} = \{X=1, Y=3\} = \{X=2, Y=3\} = \{X=3, Y=1\} = \varnothing$. 故 (X,Y) 的分布律为

Y \ X	0	1	2	3
1	0	$\dfrac{3}{8}$	$\dfrac{3}{8}$	0
3	$\dfrac{1}{8}$	0	0	$\dfrac{1}{8}$

对于二维离散型随机变量 (X,Y) 而言,X 和 Y 必然也都是一维离散型的随机

变量,它们各自的概率分布统称为(X,Y)的**边缘概率分布**或**边缘分布律**.

若(X,Y)的分布律为$p_{ij}(i,j=1,2,\cdots)$,则它关于X的边缘分布律,也就是X的分布律为

$$p_i = P\{X=x_i\} = P\{X=x_i, Y<+\infty\} = \sum_{j=1}^{+\infty} p_{ij} \triangleq p_{i\cdot}, \quad i=1,2,\cdots.$$

它关于Y的边缘分布律,也就是Y的分布律为

$$p_j = P\{Y=y_j\} = P\{X<+\infty, Y=y_j\} = \sum_{i=1}^{+\infty} p_{ij} \triangleq p_{\cdot j}, \quad j=1,2,\cdots.$$

如果在表格上直接作业,这两个边缘分布恰好分别是表的中央部分的行的和与列的和.

例如,在例 1.20 中,易求得X和Y的分布律,分别是

X	0	1	2	3
p	$\dfrac{1}{8}$	$\dfrac{3}{8}$	$\dfrac{3}{8}$	$\dfrac{1}{8}$

Y	1	3
p	$\dfrac{6}{8}$	$\dfrac{2}{8}$

定义 1.8   如果随机变量(X,Y)的全部可能取值充满了$\mathbf{R}^2$中的某一区域,且存在一个非负的二元函数$f(x,y)$,使得对任意实数x,y都有

$$F(x,y) = \int_{-\infty}^{x} \int_{-\infty}^{y} f(u,v)\mathrm{d}u\mathrm{d}v,$$

则称(X,Y)为**二维连续型随机变量**,并称$f(x,y)$为(X,Y)**的概率密度函数**,也称为一维随机变量X和Y的**联合概率密度**.

概率密度函数$f(x,y)$是一个定义在整个$\mathbf{R}^2$上的函数,它具有以下基本性质:

(1) $f(x,y)\geqslant 0$;

(2) $\displaystyle\int_{-\infty}^{+\infty} \int_{-\infty}^{+\infty} f(x,y)\mathrm{d}x\mathrm{d}y = 1$;

(3) 在连续点(x,y)处,$f(x,y)=\dfrac{\partial^2}{\partial x \partial y}F(x,y)$;

(4) $P\{(X,Y)$落在区域D中$\} = \displaystyle\iint_{D} f(x,y)\mathrm{d}x\mathrm{d}y$.

性质(4)表明,在几何上,(X,Y)落在某平面区域D中的概率在数值上等于以曲面$z=f(x,y)$为顶、平面区域D为底的曲顶柱体的体积.

例 1.21   设二维连续型随机变量(X,Y)的概率密度

$$f(x,y) = \begin{cases} Ax, & 0<x<1, 0<y<x, \\ 0, & \text{其他.} \end{cases}$$

求:(1) 系数A;(2) $P\left\{X\geqslant \dfrac{3}{4}\right\}$;(3) $P\{X^2+Y^2<1\}$.

解   (1) 由$\displaystyle\int_{-\infty}^{+\infty} \int_{-\infty}^{+\infty} f(x,y)\mathrm{d}x\mathrm{d}y = 1$知$\displaystyle\int_0^1 \mathrm{d}x \int_0^x Ax\mathrm{d}y = 1$,可求得$A=3$

$(f(x,y)$ 的非零值区域如图 1-7).

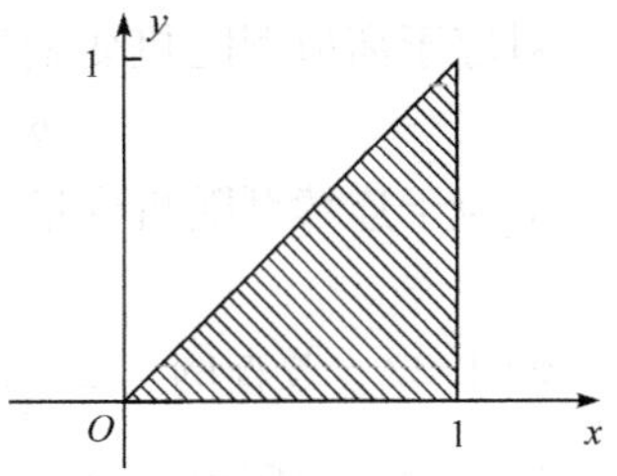

$$(2)\ P\left\{X\geqslant\frac{3}{4}\right\}=P\left\{X\geqslant\frac{3}{4},-\infty<Y<+\infty\right\}$$

$$=\int_{\frac{3}{4}}^{1}dx\int_{0}^{x}3xdy=\frac{37}{64}.$$

$$(3)\ P\{X^2+Y^2<1\}=\iint\limits_{x^2+y^2<1}f(x,y)dxdy$$

$$=\int_{0}^{1}dr\int_{0}^{\frac{\pi}{4}}3r^2\cos\theta d\theta=\frac{\sqrt{2}}{2}.$$

图 1-7

对于二维连续型随机变量 (X,Y),X 和 Y 分别都是一维的连续型随机变量,它们各自的概率密度 $f_X(x)$ 和 $f_Y(y)$ 统称为 (X,Y) 的**边缘概率密度**.已知 (X,Y) 的概率密度 $f(x,y)$,按如下公式可求得它的两个边缘概率密度:

$$f_X(x)=\int_{-\infty}^{+\infty}f(x,y)dy,\quad f_Y(y)=\int_{-\infty}^{+\infty}f(x,y)dx. \tag{1-10}$$

二维随机变量分布中最常用的是正态分布.

若随机变量 (X,Y) 的概率密度函数为

$$f(x,y)=\frac{1}{2\pi\sigma_1\sigma_2\sqrt{1-\rho^2}}\exp\left\{\frac{-1}{2(1-\rho^2)}\left[\frac{(x-\mu_1)^2}{\sigma_1^2}-2\rho\frac{(x-\mu_1)(y-\mu_2)}{2\sigma_1\sigma_2}+\frac{(y-\mu_2)^2}{\sigma_2^2}\right]\right\},$$

其中 $\mu_1,\mu_2,\sigma_1,\sigma_2,\rho$ 都是常数,且 $\sigma_1>0,\sigma_2>0,-1<\rho<1$,则称 (X,Y) 服从参数为 $\mu_1,\mu_2,\sigma_1,\sigma_2,\rho$ 的**二元正态分布**.记为 $(X,Y)\sim N(\mu_1,\mu_2;\sigma_1^2,\sigma_2^2;\rho)$.

可以证明,如果 $(X,Y)\sim N(\mu_1,\mu_2;\sigma_1^2,\sigma_2^2;\rho)$,则必有 $X\sim N(\mu_1,\sigma_1^2),Y\sim N(\mu_2,\sigma_2^2)$.注意到 X 和 Y 的分布都不依赖于参数 ρ,也就是说对于给定的 $\mu_1,\mu_2,\sigma_1,\sigma_2$,不同的 ρ 值对应不同的二元正态分布,它们的边缘分布却都是一样的.这一事实表明,仅由关于 X 和 Y 的边缘分布是不能唯一确定随机变量 (X,Y) 的分布的.

3. 随机变量的相互独立

在随机现象中,经常会有这样一些随机变量,其中一些随机变量的取值对其余随机变量的取值没有任何影响.例如,在射击比赛中甲乙两人同时进行射击,按照比赛的规范要求他们相互之间互不影响,各自射出的环数是两个互不影响的随机变量,我们说它们是相互独立的.随机变量的独立性是概率统计中重要概念之一.

定义 1.9 对于二维随机变量 (X,Y),若对任何实数 x,y,事件 $\{X\leqslant x\}$ 和事件 $\{Y\leqslant y\}$ 都相互独立,即有

$$P\{X\leqslant x,Y\leqslant y\}=P\{X\leqslant x\}P\{Y\leqslant y\},$$

则称随机变量 X 和 Y **相互独立**.

若用分布函数表示,X 和 Y 相互独立当且仅当

$$F(x,y)\equiv F_X(x)F_Y(y). \tag{1-11}$$

对应于离散型随机变量 (X,Y)，相互独立也等价于

$$p_{ij}=p_{i\cdot}\cdot p_{\cdot j},\quad i,j=1,2,\cdots. \tag{1-12}$$

对应于连续型随机变量 (X,Y)，X 和 Y 相互独立等价于

$$f(x,y)\equiv f_X(x)f_Y(y). \tag{1-13}$$

例 1.22　考查例 1.20 中的随机变量是否相互独立.

解　如前文所得知 $p_{11}=0$，而 $p_{1\cdot}=\dfrac{1}{8}$，$p_{\cdot 1}=\dfrac{6}{8}$，因 $p_{1\cdot}\cdot p_{\cdot 1}\neq p_{11}$，故 X 和 Y 不相互独立.

两个随机变量相互独立的概念可以推广到 n 个随机变量的情形. 例如，记 n 维随机变量 $(X_1,X_2,\cdots,X_n)$ 的分布函数为 $F(x_1,x_2,\cdots,x_n)$，如果对所有的 x_1，$x_2,\cdots,x_n$，恒有

$$F(x_1,x_2,\cdots,x_n)=F_{X_1}(x_1)F_{X_2}(x_2)\cdots F_{X_n}(x_n),$$

则称 $X_1,X_2,\cdots,X_n$ **是相互独立的**.

针对离散型或连续型的随机变量，也可以给出类似于式 (1-12) 和式 (1-13) 的数学定义式。由此定义易见，类似多个随机事件的相互独立，多个随机变量的相互独立比起它们两两相互独立要强得多. 不难发现，直接利用这种定义式判断多个随机变量是否相互独立往往比较麻烦.

在实际应用中，多个随机变量是否相互独立一般并不是由数学定义式去判断，而是由实际问题本身判断. 如果这些随机变量之间没有相互影响或者影响很弱时，就可以认为它们是相互独立的，进而，可以将数学定义式作为一个必要条件加以利用.

例 1.23　已知随机变量 $X_1,X_2,\cdots,X_n$ 相互独立，且都服从区间 $[a,b]$ 上的均匀分布，试写出它们的联合概率密度.

解　由于 $X_1,X_2,\cdots,X_n$ 相互独立，所以它们的联合概率密度

$$f(x_1,x_2,\cdots,x_n)=f_{X_1}(x_1)f_{X_2}(x_2)\cdots f_{X_n}(x_n),$$

而

$$f_{X_i}(x_i)=\begin{cases}\dfrac{1}{b-a}, & a<x_i<b,\\[2mm] 0, & \text{其他},\end{cases}\quad i=1,2,\cdots,n,$$

故

$$f(x_1,x_2,\cdots,x_n)=\prod_{i=1}^{n}f_{X_i}(x_i)$$

$$=\begin{cases}\dfrac{1}{(b-a)^n}, & a<x_1,x_2,\cdots,x_n<b,\\[2mm] 0, & \text{其他}.\end{cases}$$

本节的最后需要指出，通常情况下一个随机变量 X 或者多个随机变量 $(X_1$，

$X_2,\cdots,X_n)$ 的函数 $Y=g(X)$ 或 $Y=g(X_1,X_2,\cdots,X_n)$ 仍然是一个(一维的)随机变量. 结合微积分学的知识可以深入地讨论这种随机变量的分布与自变量的分布的关系,而后面我们会用到的一个相关结论是:有限个相互独立的正态随机变量的线性组合仍然服从正态分布,即如:若 $X\sim N(\mu_1,\sigma_1^2)$,$Y\sim N(\mu_2,\sigma_2^2)$,$a$、$b$ 为常数,则 $aX+bY\sim N(a\mu_1+b\mu_2,a^2\sigma_1^2+b^2\sigma_2^2)$.

1.3　随机变量的数字特征

随机变量的概率分布虽然能完整地描述随机变量的统计规律,但在实际问题中,一方面由于求随机变量的概率分布并非易事;另一方面,问题本身往往并不需要去全面地考察随机变量的变化情况而只需要知道随机变量的某些特征就够了.例如,在考察一个班级学生的学习成绩状况时,只要知道这个班的平均成绩以及全班成绩的分散程度就可以对该班的学习情况作出一个比较客观的判断. 这样的平均值及表示分散程度的数字虽不能全面、详细地描述随机变量,但能更突出地描述随机变量在某些方面的重要特征,我们称它们为随机变量的数字特征.

常用的随机变量的数字特征有数学期望、方差、相关系数和矩.

1. 数学期望与方差

数学期望又称为随机变量的均值,它实质上就是随机变量的取值在概率加权意义上的平均数,用 $E(X)$ 或 μ 表示.

定义 1.10　对于离散型变量 X,设其分布律为
$$P\{X=x_k\}=p_k,\quad k=1,2,\cdots.$$
若级数 $\sum\limits_{k=1}^{\infty}x_k p_k$ 绝对收敛,则称其和为随机变量 X 的数学期望,即

$$E(X)=\sum_{k=1}^{\infty}x_k p_k. \tag{1-14}$$

对于连续型随机变量 X,设其概率密度函数为 $f(x)$,若积分 $\displaystyle\int_{-\infty}^{+\infty}xf(x)\mathrm{d}x$ 绝对收敛,则称其积分值为 X 的数学期望,即

$$E(X)=\int_{-\infty}^{+\infty}xf(x)\mathrm{d}x. \tag{1-15}$$

例 1.24　证明:如果随机变量 $X\sim P(\lambda)$,则 $E(X)=\lambda$.

证明　依题意知 X 的概率分布为
$$P\{X=k\}=\frac{\lambda^k\mathrm{e}^{-\lambda}}{k!},\quad k=0,1,2,\cdots,$$
故
$$E(X)=\sum x_k p_k=\sum_{k=0}^{\infty}k\cdot\frac{\lambda^k\mathrm{e}^{-\lambda}}{k!}=\lambda\mathrm{e}^{-\lambda}\sum_{k=1}^{\infty}\frac{\lambda^{k-1}}{(k-1)!}$$
$$=\lambda\mathrm{e}^{-\lambda}\sum_{i=0}^{\infty}\frac{\lambda^i}{i!}=\lambda\mathrm{e}^{-\lambda}\mathrm{e}^{\lambda}=\lambda.$$

　　从定义出发可以证明,数学期望具有如下基本性质(假定 $E(X)$ 和 $E(Y)$ 都存在):

　　(1) $E(C) = C$,其中 C 为常数;

　　(2) $E(CX) = CE(X)$,其中 C 为常数;

　　(3) $E(X+Y) = E(X) + E(Y)$;

　　(4) 若 X,Y 相互独立,则 $E(XY) = E(X)E(Y)$.

其中,性质(3)和性质(4)分别可以推广到任意有限个随机变量之和或之积的情形,即有

$$E\left(\sum_{i=1}^{n} X_i\right) = \sum_{i=1}^{n} E(X_i), \tag{1-16}$$

且当 $X_1, X_2, \cdots, X_n$ 相互独立时,

$$E\left(\prod_{i=1}^{n} X_i\right) = \prod_{i=1}^{n} E(X_i). \tag{1-17}$$

　　例 1.25　已知 $X \sim E(\lambda)$,求 $Y = 2X - 1$ 的数学期望.

　　解　依题意知,X 的概率密度为

$$f(x) = \begin{cases} \lambda e^{-\lambda x}, & x \geqslant 0, \\ 0, & \text{其他}, \end{cases}$$

于是

$$E(X) = \int_{-\infty}^{+\infty} x f(x) \mathrm{d}x = \int_{0}^{+\infty} \lambda x e^{-\lambda x} \mathrm{d}x = -x e^{-\lambda x} \Big|_{0}^{+\infty} + \int_{0}^{+\infty} e^{-\lambda x} \mathrm{d}x$$

$$= \frac{1}{\lambda} \int_{0}^{+\infty} \lambda e^{-\lambda x} \mathrm{d}x = \frac{1}{\lambda},$$

进而

$$E(Y) = E(2X - 1) = 2E(X) - 1 = \frac{2}{\lambda} - 1.$$

　　在若干情况下,我们会遇到已知随机变量 X 的分布求 X 的函数 $g(X)$ 的数学期望的问题,下面的结论提供了一种不必要研究 $g(X)$ 的分布,而是直接用 X 的分布得出 $g(X)$ 的期望的方法(证明省略).

　　定理 1.1　设 X 是随机变量,$Y = g(X)$,$g(x)$ 是连续函数,那么

　　(1) 若 X 是离散型的,分布律为 $P\{x = x_k\} = p_k$,$k = 1, 2, \cdots$,且级数 $\sum_{k=1}^{\infty} g(x_k) p_k$ 绝对收敛,则有

$$E(Y) = E[g(X)] = \sum_{k=1}^{\infty} g(x_k) p_k. \tag{1-18}$$

　　(2) 若 X 是连续型的,概率密度函数为 $f(x)$,若积分 $\int_{-\infty}^{+\infty} f(x) g(x) \mathrm{d}x$ 绝对收敛,则有

$$E(Y) = E[g(X)] = \int_{-\infty}^{+\infty} f(x)g(x)\mathrm{d}x. \tag{1-19}$$

此结论可推广到二维随机变量的函数的情形.

定理 1.2 设 $Z=g(X,Y)$(g 为二元连续函数)是随机变量 X,Y 的函数,那么

(1) 若 (X,Y) 是二维离散型的随机变量,分布律为 $P\{X=x_i,Y=y_j\}=p_{ij}$,$i,j=1,2,\cdots$,则有

$$E(Z) = E[g(X,Y)] = \sum_{i=1}^{\infty} \sum_{j=1}^{\infty} g(x_i,y_j)p_{ij}. \tag{1-20}$$

(2) 若 (X,Y) 是二维连续型的随机变量,概率密度函数为 $f(x,y)$,则有

$$E(Z) = E[g(X,Y)] = \int_{-\infty}^{+\infty} \int_{-\infty}^{+\infty} g(x,y)f(x,y)\mathrm{d}x\mathrm{d}y. \tag{1-21}$$

例如,在后面计算方差和协方差的过程中我们分别需要计算 $E(X^2)$,$E(XY)$ 等,就需要用到这些公式了.

例 1.26 设随机变量 $X \sim U[0,\pi]$,求 $E(\sin X)$,$E(X^2)$ 及 $E[X-E(X)]^2$.

解 依题知,X 的概率密度为

$$f(x) = \begin{cases} \dfrac{1}{\pi}, & x \in [0,\pi], \\ 0, & 其他. \end{cases}$$

故

$$E(X) = \int_{-\infty}^{+\infty} xf(x)\mathrm{d}x = \int_0^{\pi} \frac{1}{\pi}x\mathrm{d}x = \frac{\pi}{2},$$

$$E(\sin X) = \int_{-\infty}^{+\infty} \sin x f(x)\mathrm{d}x = \int_0^{\pi} \frac{1}{\pi}\sin x\mathrm{d}x = \frac{1}{\pi}\int_0^{\pi}\sin x\mathrm{d}x = \frac{2}{\pi},$$

$$E(X^2) = \int_{-\infty}^{+\infty} x^2 f(x)\mathrm{d}x = \int_0^{\pi} \frac{1}{\pi}x^2\mathrm{d}x = \frac{\pi^2}{3},$$

$$E[X-E(X)]^2 = E\left(X - \frac{\pi}{2}\right)^2 = \int_{-\infty}^{+\infty} \left(x - \frac{\pi}{2}\right)^2 f(x)\mathrm{d}x$$

$$= \int_0^{\pi} \left(x - \frac{\pi}{2}\right)^2 \frac{1}{\pi}\mathrm{d}x = \frac{\pi^2}{12}.$$

方差是随机变量的各可能取值偏离其均值的离差平方的均值,刻画的是随机变量取值的平均偏离程度,即离散程度,用 $D(X)$,$\mathrm{Var}X$ 或 σ^2 表示.

定义 1.11 设 X 是随机变量,若 $E\{[X-E(X)]^2\}$ 存在,则称其为随机变量的**方差**,即

$$D(X) = E\{[X-E(X)]^2\}. \tag{1-22}$$

方差的平方根 $\sqrt{D(X)}$ 称为 X 的**标准差**或**均方差**.

实际应用中,方差常可以按下列公式计算:

$$D(X) = E(X^2) - [E(X)]^2. \tag{1-23}$$

例 1. 27　已知 $X \sim P(\lambda)$,求 $D(X)$.

解　由例 1.24 知,$E(X) = \lambda$,而

$$E(X^2) = \sum_{k=0}^{\infty} k^2 \cdot \frac{\lambda^k e^{-\lambda}}{k!} = \sum_{k=1}^{\infty} k \cdot \frac{\lambda^k}{(k-1)!} e^{-\lambda}$$

$$= \sum_{i=0}^{\infty} (i+1) \cdot \frac{\lambda^{i+1}}{i!} e^{-\lambda} = \lambda^2 e^{-\lambda} \sum_{i=1}^{\infty} \frac{\lambda^{i-1}}{(i-1)!} + \lambda e^{-\lambda} \sum_{i=0}^{\infty} \frac{\lambda^i}{i!}$$

$$= \lambda^2 + \lambda.$$

于是 $D(X) = E(X^2) - [E(X)]^2 = \lambda$.

例 1. 28　已知 $X \sim U(a,b)$,求 $E(X)$ 和 $D(X)$.

解　由题知,X 的概率密度为

$$f(x) = \begin{cases} \dfrac{1}{b-a}, & a < x < b, \\ 0, & \text{其他.} \end{cases}$$

于是有

$$E(X) = \int_{-\infty}^{+\infty} x f(x) \, \mathrm{d}x = \int_a^b \frac{x}{b-a} \, \mathrm{d}x = \frac{a+b}{2},$$

$$E(X^2) = \int_{-\infty}^{+\infty} x^2 f(x) \, \mathrm{d}x = \int_a^b \frac{x^2}{b-a} \, \mathrm{d}x = \frac{a^2 + ab + b^2}{3},$$

而 $D(X) = E(X^2) - [E(X)]^2 = \dfrac{(b-a)^2}{12}$.

方差具有如下基本性质(假定 $D(X)$ 和 $D(Y)$ 都存在):

(1) $D(C) = 0$,其中 C 为常数;

(2) $D(CX) = C^2 D(X)$,其中 C 为常数;

(3) 若随机变量 X 和 Y 相互独立,则 $D(X+Y) = D(X) + D(Y)$.

表 1-1 给出了几种常见分布的数学期望和方差,供大家查用.

表 1-1

分布名称	概率分布		数学期望	方差
(0-1)分布	X　0　1 P　$1-p$　p		p	$p(1-p)$
二项分布	$p_k = P(X=k) = C_n^k p^k q^{n-k}, \quad k=0,1,2,\cdots,n$		np	$np(1-p)$
泊松分布	$P(X=k) = \dfrac{\lambda^k e^{-\lambda}}{k!}, \quad k=0,1,2,\cdots,n$		λ	λ

续表

分布名称	概率分布	数学期望	方差
均匀分布	$f(x)=\begin{cases}\dfrac{1}{b-a}, & a<x<b,\\ 0, & \text{其他}\end{cases}$	$\dfrac{a+b}{2}$	$\dfrac{(b-a)^2}{12}$
指数分布	$f(x)=\begin{cases}\lambda e^{-\lambda x}, & x\geq 0,\\ 0, & \text{其他}\end{cases}$	$\dfrac{1}{\lambda}$	$\dfrac{1}{\lambda^2}$
正态分布	$f(x)=\dfrac{1}{\sqrt{2\pi}\sigma}e^{-\frac{(x-\mu)^2}{2\sigma^2}},\quad -\infty<x<+\infty$	μ	σ^2

例 1.29 设 $X\sim E(t),Y\sim N(0,t^2),(t>0)$ 且 X 与 Y 相互独立,而 $Z=2X-3Y+1$,试求 $E(Z)$ 和 $E(Z^2)$.

解 因 $X\sim E(t),Y\sim N(0,t^2)$,故

$$E(X)=\frac{1}{t},\quad D(X)=\frac{1}{t^2},\quad E(Y)=0,\quad D(Y)=t^2.$$

所以

$$E(Z)=E(2X-3Y+1)=2E(X)-3E(Y)+1=\frac{2}{t}+1,$$

$$D(Z)=D(2X-3Y+1)=4D(X)+9D(Y)+0=\frac{4}{t^2}+9t^2.$$

进而

$$E(Z^2)=D(Z)+[E(Z)]^2=\frac{8}{t^2}+\frac{4}{t}+9t^2+1.$$

2. 协方差与相关系数

在很多实际问题中的两个随机变量往往是相互影响、相互联系的. 例如,人的年龄与身高;产品的产量与价格等. 随机变量间的这样的相互关系称为相关关系.

协方差与相关系数都是描述两个随机变量的相互关系的数字特征,其中相关系数很好地刻画了两个随机变量之间的线性相关程度.

定义 1.12 设 (X,Y) 为二维随机变量,称

$$E\{[X-E(X)][Y-E(Y)]\}$$

为随机变量 X,Y 的**协方差**,记为 $\mathrm{Cov}(X,Y)$,即

$$\mathrm{Cov}(X,Y)=E\{[X-E(X)][Y-E(Y)]\}. \tag{1-24}$$

当 $D(X)>0,D(Y)>0$ 时,又称 $\dfrac{\mathrm{Cov}(X,Y)}{\sqrt{D(X)}\sqrt{D(Y)}}$ 为 X,Y 的**相关系数**,记为 ρ_{XY},即

$$\rho_{XY} = \frac{\mathrm{Cov}(X,Y)}{\sqrt{D(X)}\sqrt{D(Y)}}. \tag{1-25}$$

由协方差的定义及数学期望的性质,容易推出 $\mathrm{Cov}(X,Y)$ 的常用计算公式

$$\mathrm{Cov}(X,Y) = E(XY) - E(X)E(Y). \tag{1-26}$$

特别地,当 $X=Y$ 时,有

$$\mathrm{Cov}(X,X) = E\{[X-E(X)][X-E(X)]\} = D(X).$$

可见方差 $D(X), D(Y)$ 是协方差的特例.

例 1.30　设 (X,Y) 的概率密度为

$$f(x,y) = \begin{cases} \dfrac{1}{2}, & 0<x<1, 0<y<2, \\ 0, & \text{其他}. \end{cases}$$

求 $\mathrm{Cov}(X,Y)$

解　由式(1-21)有

$$E(X) = \int_0^1 \int_0^2 \frac{1}{2} x \mathrm{d}x \mathrm{d}y = \int_0^1 x \mathrm{d}x = \frac{1}{2},$$

$$E(Y) = \int_0^1 \int_0^2 \frac{1}{2} y \mathrm{d}y \mathrm{d}x = \int_0^1 1 \mathrm{d}x = 1,$$

$$E(XY) = \int_0^1 \int_0^2 \frac{1}{2} xy \mathrm{d}x \mathrm{d}y = \int_0^1 x \mathrm{d}x = \frac{1}{2}.$$

于是

$$\mathrm{Cov}(X,Y) = E(XY) - E(X)E(Y) = \frac{1}{2} - \frac{1}{2} = 0.$$

相关系数具有如下基本性质:

(1) $|\rho_{XY}| \leqslant 1$;

(2) $|\rho_{XY}| = 1 \Leftrightarrow X$ 与 Y 依概率 1 线性相关,即存在常数 a 与 b,使

$$P\{Y = aX + b\} = 1 \quad (a \neq 0).$$

相关系数 ρ_{XY} 是刻画两随机变量 X 与 Y 之间线性关系密切程度的数量指标,它是一个无量纲的量. 若 $|\rho_{XY}|$ 越接近 1,X 与 Y 之间线性关系就越密切. 当 $|\rho_{XY}| = 1$,X 与 Y 存在完全的线性相关关系,此时有 $Y = aX + b$. 当 $\rho_{XY} = 0$ 时,X 与 Y 之间存在线性关系的概率为零,此时也称 X 与 Y **不相关**.

例 1.31　已知随机变量 X 与 Y 的联合分布律为

Y＼X	-1	0	1
-1	0	1/4	0
0	1/4	0	1/4
1	0	1/4	0

试计算 X 与 Y 的相关系数 ρ_{XY},并判断 X 与 Y 是否相互独立.

解 由式(1-20)有

$$E(X) = \sum_i \sum_j x_i p_{ij} = \sum_i x_i \sum_j p_{ij} = \sum_i x_i p_i. = 0.$$

同理易得 $E(Y) = E(XY) = 0$,故有

$$\mathrm{Cov}(X,Y) = E(XY) - E(X)E(Y) = 0 \Rightarrow \rho_{XY} = 0,$$

即 X 与 Y 不相关. 又 $P\{X=0, Y=0\}=0$,而

$$P\{X=0\} = \frac{1}{2}, \quad P\{Y=0\} = \frac{1}{2},$$

故

$$P\{X=0, Y=0\} \neq P\{X=0\}P\{Y=0\},$$

从而 X 与 Y 相互不独立.

另外,需要说明的是,在二元正态分布 $N(\mu_1, \mu_2; \sigma_1^2, \sigma_2^2; \rho)$ 的第五个参数 ρ 恰好就是两个随机变量 X 和 Y 的相关系数.

本节中介绍的数学期望、方差和协方差可以纳入到一个更一般的概念范畴之中,那就是随机变量的矩.

定义 1.13 设 (X,Y) 是随机变量,k, l 为正整数.

(1) 若 $E(X^k)$ 存在,则称之为 X 的 k **阶原点矩**,简称 k **阶矩**;

(2) 若 $E\{[X-E(X)]^k\}$ 存在,则称之为 X 的 k **阶中心矩**;

(3) 若 $E(X^k Y^l)$ 存在,则称之为 X 和 Y 的 $k+l$ **阶混合原点矩**;

(4) 若 $E\{[X-E(X)]^k [Y-E(Y)]^l\}$ 存在,则称之为 X 和 Y 的 $k+l$ **阶混合中心矩**.

易见,数学期望 $E(X)$ 是 X 的一阶原点矩,方差 $D(X)$ 是 X 的二阶中心矩,协方差 $\mathrm{Cov}(X,Y)$ 是 X 和 Y 的二阶混合中心矩. 矩在数理统计中有应用,将在以后章节中作进一步介绍.

1.4 大数定律与中心极限定理

大数定律与中心极限定理统称极限定理,是概率论的基本理论,它使随机性和确定性、理论和现实有机结合起来,为概率论和统计学的有效结合打下了坚实的基础,在理论研究和应用中起着重要的作用.

1. 大数定律

前面曾提出,随着试验次数的增加,事件发生的频率逐渐稳定于某个常数. 在

实践中人们还认识到,大量随机现象的平均结果也具有类似的稳定性,也就是说,无论个别随机现象的结果以及它们在进行过程中的个别特征如何,大量随机现象的平均结果实际上与每一个个别现象的特征无关,几乎不再是随机的了.

概率论中用来阐明大量随机现象平均结果的稳定性的一系列定理称为大数定律.下面介绍其中的三个定理,它们分别反映了算术平均数及频率的稳定性.本节只从直观上加以理解,不作详细论证.

定理 1.3（切比雪夫大数定律）　设随机变量 $X_1, X_2, \cdots, X_n, \cdots$ 相互独立,均存在有限的数学期望 $E(X_i)$ 和方差 $D(X_i)(i=1,2,\cdots)$,并且它们的方差有公共的上界,则对任意小的正数 ε,有

$$\lim_{n\to\infty}P\left\{\left|\frac{1}{n}\sum_{i=1}^{n}X_i - \frac{1}{n}\sum_{i=1}^{n}E(X_i)\right| < \varepsilon\right\} = 1.$$

该定律表明:在定理的条件下,当 n 充分大时,n 个独立的随机变量经过算术平均以后得到的随机变量 $\dfrac{1}{n}\sum_{i=1}^{n}X_i$,其离散程度是很小的,它将比较密地聚集在其数学期望 $\dfrac{1}{n}\sum_{i=1}^{n}E(X_i)$ 的附近,两者之差依概率收敛到 0.

定理 1.4（伯努利大数定律）　设 n_A 是 n 次独立的重复试验中事件 A 发生的次数,p 是事件 A 在每次试验中发生的概率,则对任意小的正数 ε,有

$$\lim_{n\to\infty}P\left\{\left|\frac{n_A}{n} - p\right| < \varepsilon\right\} = 1.$$

该定律表明:当 n 足够大时,事件发生的频率 $\dfrac{n_A}{n}$ 接近于事件的概率 p,即频率具有稳定性.进而,在实际应用中,当试验次数很大时,可以用事件发生的频率来充当事件的概率.伯努利大数定律为概率的定义提供了理论依据,在概率论中具有重要的地位.

定理 1.5（辛钦大数定律）　设随机变量 $X_1, X_2, \cdots, X_n, \cdots$ 相互独立,服从同一分布,且具有数学期望 $E(X_i)=\mu(i=1,2,\cdots)$,则对任意小的正数 ε,有

$$\lim_{n\to\infty}P\left\{\left|\frac{1}{n}\sum_{i=1}^{n}X_i - \mu\right| < \varepsilon\right\} = 1.$$

显然,伯努利大数定律是辛钦大数定律的特殊情况,而比较切比雪夫大数定律,辛钦大数定律要求随机变量同分布但并不要求它们的方差必须存在.

该定律表明,当 n 足够大时,独立同分布的 n 个随机变量的算术平均数依概率收敛于它们的数学期望值,因而在实际应用中用物体的某一指标值的一系列测量值的算术平均数作为该指标值的近似值,可以认为所发生的误差是很小的.

2. 中心极限定理

大量随机现象的稳定性也可以用分布函数的极限来描述. 一般地, 如果一个随机变量是由大量相互独立的随机因素的综合影响形成的, 但对于总作用而言, 每个因素的单独作用又是很微小的, 那么这一随机变量就趋于正态分布. 这种阐述大量独立随机变量的和的极限分布为正态分布的一系列定理, 统称为中心极限定理.

定理 1.6 (独立同分布中心极限定理) 设随机变量 $X_1, X_2, \cdots, X_n, \cdots$ 相互独立, 服从同一分布, 且具有数学期望与方差 $E(X_i)=\mu, D(X_i)=\sigma^2 > 0 (i=1,2,\cdots)$, 则

$$\lim_{n \to \infty} P\left\{ \frac{\sum\limits_{i=1}^{n} X_i - n\mu}{\sigma\sqrt{n}} \leqslant x \right\} = \int_{-\infty}^{x} \frac{1}{\sqrt{2\pi}} e^{-\frac{t^2}{2}} \, \mathrm{d}t.$$

定理的结论可等价地表述为: 当 n 充分大时, 算术平均数 $\overline{X} = \dfrac{1}{n} \sum\limits_{i=1}^{n} X_i$ 近似地服从均值为 μ, 方差为 $\dfrac{\sigma^2}{n}$ 的正态分布, 即 $n \to \infty$ 时

$$\overline{X} \overset{\text{近似}}{\sim} N\left(\mu, \frac{\sigma^2}{n}\right) \quad \text{或} \quad \frac{\overline{X} - \mu}{\sigma/\sqrt{n}} \overset{\text{近似}}{\sim} N(0,1).$$

该定理表明: 无论各 X_i 服从的是何种分布, 只要它们的数学期望与方差存在, 则当 n 充分大时, 它们的算术平均数 $\overline{X}$ 就趋于正态分布, 且离散程度缩小 n 倍.

在实际问题中, 许多随机变量都是由大量相互独立的随机因素综合影响所成的, 其特点是其中的每一个别的因素在总的影响中所起到的作用都是微小的. 例如, 一个化学实验中的某数据的测量误差是由如观测误差、温度波动、试剂质量等等许多观测不到的、可加的微小误差所合成的. 依据中心极限定理, 这种随机变量往往是近似地服从正态分布.

有数学家已经证明: 定理 1.6 的条件还可以放宽, 也就是说不必要各 X_i 服从相同的分布, 在一定的条件下仍有类似的结论成立.

中心极限定理一方面揭示了为什么在实际应用中会经常遇到正态分布, 也就是揭示了产生正态分布的源泉; 另一方面提供了独立的同分布随机变量之和 $\sum\limits_{i=1}^{n} X_i$ (其中 X_i 的方差存在) 的近似分布, 只要和式中加项的个数足够大, 就可以不必考虑和式中的随机变量服从什么分布, 都用正态分布来近似计算, 这在应用上是非常有效和重要的.

习　题　1

1. 设 A 与 B 互为对立事件,判断以下等式是否成立并说明理由.

(1) $P(A \bigcup B) = \Omega$；　　　　　　　(2) $P(AB) = P(A)P(B)$；

(3) $P(A) = 1 - P(B)$；　　　　　　　(4) $P(AB) = \varnothing$.

2. 对于事件 A, B,判断下列命题是否成立并说明理由.

(1) 如果 A, B 互不相容,则 $\overline{A}, \overline{B}$ 也互不相容；

(2) 如果 $A \subset B$,则 $\overline{A} \subset \overline{B}$；

(3) 如果 A, B 相容,则 $\overline{A}, \overline{B}$ 也相容；

(4) 如果 A, B 对立,则 $\overline{A}, \overline{B}$ 也对立.

3. 设 A, B 为两事件,已知 $P(A) = \dfrac{1}{3}$, $P(A|B) = \dfrac{2}{3}$, $P(B|\overline{A}) = \dfrac{1}{10}$,求 $P(B)$.

4. 设 A, B 为两事件,已知 $P(B) = \dfrac{1}{2}$, $P(A \bigcup B) = \dfrac{2}{3}$,若事件 A, B 相互独立,求 $P(A)$.

5. 已知事件 A, B 相互独立,且 $P(A) > 0, P(B) > 0$,判断下列等式是否成立并说明理由.

(1) $P(A \bigcup B) = P(A) + P(B)$；　　　(2) $P(A \bigcup B) = P(A)$；

(3) $P(A \bigcup B) = 1$；　　　　　　　(4) $P(A \bigcup B) = 1 - P(\overline{A})P(\overline{B})$.

6. 10 把钥匙中有 3 把能打开门,今任取 2 把,求能打开门的概率.

7. 设有一批同类型产品共 100 件.其中 98 件是合格品,2 件是次品,从中任意抽取 3 件,求：

(1) 抽到的 3 件中恰有 1 件是次品的概率；

(2) 抽到的 3 件中至少有 1 件是次品的概率；

(3) 抽到的 3 件中至多有 1 件是次品的概率.

8. 若每次试验成功率为 $p(0 < p < 1)$,试计算在 3 次重复试验中至少失败 1 次的概率.

9. 已知 $P(A) = \dfrac{1}{2}$, $P(B) = \dfrac{1}{3}$, $P(C) = \dfrac{1}{5}$, $P(AB) = \dfrac{1}{10}$, $P(AC) = \dfrac{1}{15}$, $P(BC) = \dfrac{1}{20}$, $P(ABC) = \dfrac{1}{30}$.求：(1) $P(\overline{AB}C)$；(2) $P(\overline{AB} \bigcup C)$.

10. 设甲、乙、丙三人同时独立地向同一目标各射击一次,命中率分别为 $\dfrac{1}{3}$, $\dfrac{1}{2}$, $\dfrac{2}{3}$,求目标被命中的概率.

11. 用 3 台机床加工同样的零件,零件由各机床加工的概率分别为 0.5, 0.3, 0.2,各机床加工的零件为合格品的概率分别为 0.94, 0.9, 0.95,求：

(1) 任取一个零件,其为合格品的概率；

(2) 任取一个零件,若是次品,其为第二台机床加工的概率.

12. 有两种花籽,发芽率分别为 0.8, 0.9,从中各取一颗,设各花籽是否发芽相互独立.求：

(1) 这两颗花籽都能发芽的概率；

(2) 至少有一颗能发芽的概率；

(3) 恰有一颗能发芽的概率.

13. (1) 一袋中装有 5 只球,编号为 1,2,3,4,5,在袋中同时取 3 只,以 X 表示取出的 3 只球中的最大号码,写出随机变量 X 的分布律;

(2) 将一颗骰子抛掷两次,以 X 表示两次中得到的小的点数,试求 X 的分布律.

14. 已知离散型随机变量 X,Y 的分布律分别为(1) $P\{X=k\}=\dfrac{k}{C_1}$, $k=1,2,\cdots,10$;(2)$P\{Y=k\}=C_2\left(\dfrac{2}{3}\right)^k$, $k=1,2,3$. 试求常数 C_1,C_2 的值.

15. 设随机变量 X 的分布函数 $F(x)$ 只有两个间断点,指出下列结论哪个正确,并说明理由.

(1) X 一定是离散型随机变量; 　　(2) X 一定是连续型随机变量;

(3) X 一定不是离散型随机变量; 　(4) X 一定不是连续型随机变量.

16. 猎人对一只野兽射击,直至首次命中为止,由于时间紧迫,他最多只能射击 4 次,如果猎人每次射击命中的概率为 0.7,并记这段时间内猎人没有命中的次数为 X. 求:(1) X 的分布律;(2) $P\{X<2\}$;(3) $P\{1<X\leqslant3\}$.

17. 设随机变量 X 服从参数为 $(2,p)$ 的二项分布,随机变量 Y 服从参数为 $(3,p)$ 的二项分布,若 $P\{X\geqslant1\}=\dfrac{5}{9}$,求 $P\{Y\geqslant1\}$.

18. 某厂生产的钢板,每平方米上的疵点数 X 服从参数 $\lambda=3$ 的泊松分布,今任取 $1\mathrm{m}^2$ 钢板,求:(1) 钢板上无疵点的概率;(2) 钢板上有 2~3 个疵点的概率.

19. 设 X 的概率密度函数为

$$f(x)=\begin{cases}A\sin x, & 0\leqslant x\leqslant\pi,\\ 0, & \text{其他}.\end{cases}$$

求:(1) 系数 A;(2) X 的分布函数;(3) X 落在区间 $\left[-\dfrac{\pi}{4},\dfrac{\pi}{4}\right]$ 上的概率.

20. 已知随机变量 X 的概率密度函数:

$$f(x)=\begin{cases}2x, & 0<x<1,\\ 0, & \text{其他}.\end{cases}$$

求:(1) $P\{X\leqslant0.5\}$;(2) $P\{X=0.5\}$;(3) $F(x)$.

21. 已知连续型随机变量 X 的分布函数为

$$F(x)=\begin{cases}A, & x<0,\\ Bx^2, & 0\leqslant x<1,\\ Cx-\dfrac{1}{2}x^2-1, & 1\leqslant x<2,\\ 1, & x\geqslant2.\end{cases}$$

求:(1) 常数 A,B,C;(2) X 的概率密度函数;(3) $P\left\{X>\dfrac{1}{2}\right\}$.

22. 设随机变量 X 在 $[2,5]$ 上服从均匀分布,现在对 X 进行 3 次独立观测,试求至少有 2 次观测值大于 3 的概率.

23. 某种型号器件的寿命 $X(h)$ 具有概率密度

$$f(x) = \begin{cases} \dfrac{1000}{x^2}, & x > 1000, \\ 0, & \text{其他.} \end{cases}$$

现有一大批此种器件(设器件损坏与否相互独立),任取 5 只,问其中至少有 2 只寿命大于 1500 小时的概率是多少?

24. 设随机变量 $X \sim N(0,1)$,求:

(1) $P\{X \leqslant 2.35\}$; 　　　(2) $P\{X \geqslant -1.24\}$; 　　　(3) $P\{|X| \leqslant 1.58\}$.

25. 已知随机变量 $X \sim N(3, 2^2)$,求:

(1) $P\{2 < X \leqslant 5\}$; 　　　(2) $P\{-2 < X \leqslant 8\}$; 　　　(3) $P\{|X| > 2\}$;

(4) $P\{|X| < 3\}$; 　　　(5) 确定 C 的值,使 $P\{X \geqslant C\} = P\{X < C\}$ 成立.

26. 将一温度调节器放置在储存着某种液体的容器内,调节器整定在 $d℃$,液体的温度 X (以℃计)是一个随机变量,且 $X \sim N(d, 0.5^2)$.

(1) 若 $d = 90$,求 X 小于 89 的概率;

(2) 若要求保持液体的温度至少为80℃的概率不低于 0.99,问 d 至少为多少?

27. 设袋中有 5 件产品,其中 2 件是次品,现从袋中逐次取出 2 件产品,设采用有放回抽样, 规定:

$$X = \begin{cases} 1, & \text{第一次取出的是次品,} \\ 0, & \text{第一次取出的是正品,} \end{cases} \quad Y = \begin{cases} 1, & \text{第二次取出的是次品,} \\ 0, & \text{第二次取出的是正品.} \end{cases}$$

写出 X 和 Y 的联合概率分布.

28. 在 10 件产品中有 2 件一级品,7 件二级品,1 件次品,从中任取 3 件,用 X 表示其中的一级品件数,用 Y 表示其中的二级品件数,求二维随机变量 (X,Y) 的概率分布和边缘分布.

29. 设随机变量 (X,Y) 的概率密度为

$$f(x,y) = \begin{cases} k(6 - x - y), & 0 < x < 2, 2 < y < 4, \\ 0, & \text{其他.} \end{cases}$$

(1) 确定常数 k; 　　　　　　　　　　　　(2) 求 $P\{X < 1, Y < 3\}$;

(3) 求 $P\{X < 1.5\}$; 　　　　　　　　　(4) 求 $P\{X + Y \leqslant 4\}$.

30. 设随机变量 X, Y 相互独立,其概率密度分别为

$$f_X(x) = \begin{cases} \mathrm{e}^{-x}, & x > 0, \\ 0, & \text{其他,} \end{cases} \quad f_Y(y) = \begin{cases} 2\mathrm{e}^{-2y}, & y > 0, \\ 0, & \text{其他.} \end{cases}$$

求:(1) X 和 Y 的联合概率密度;(2) $P\{X < Y\}$.

31. 设 X 和 Y 是两个相互独立的随机变量,X 在区间 $(0,1)$ 上服从均匀分布,Y 的概率密度为

$$f_Y(y) = \begin{cases} \dfrac{1}{2} \mathrm{e}^{-\frac{y}{2}}, & y > 0, \\ 0, & y \leqslant 0. \end{cases}$$

(1) 求 X 和 Y 的联合概率密度;

(2) 设有 a 的二次方程 $a^2 + 2Xa + Y = 0$,试求方程有实根的概率.

32. 已知随机变量 X 的数学期望 $E(X)$ 存在,判断下列等式是否成立,并说明理由.

(1) $E[E(X)] = E(X)$; 　　　(2) $E[X + E(X)] = 2E(X)$;

(3) $E[X-E(X)]=0$;　　(4) $E(X^2)=[E(X)]^2$.

33. 设 X 和 Y 为随机变量,已知随机变量 X 的标准差为 4,随机变量 Y 的标准差为 3,若 X 与 Y 相互独立,试计算随机变量 $X-Y$ 的标准差.

34. 设随机变量 X 的分布律为

X	-2	0	2
P_k	0.4	0.3	0.3

求：$E(X),E(X^2),E(3X^2+5)$.

35. 设随机变量 X 的概率分布如下：

X	4	6	x_3
P	0.5	0.3	α

且 $E(X)=8$,求常数 x_3 和 α 的值.

36. 设随机变量 X 的概率密度为

$$f(x)=\begin{cases}x, & 0\leqslant x\leqslant 1,\\ 2-x, & 1<x<2,\\ 0, & 其他.\end{cases}$$

试求：$E(X),D(X)$.

37. 设随机变量 X 的方差 $D(X)$ 存在且不为零,令 $X^*=\dfrac{X-E(X)}{\sqrt{D(X)}}$,通常称 X^* 为 X 的"标准化",求 $E(X^*)$ 和 $D(X^*)$.

38. 设随机变量 X 服从几何分布,其分布律为

$$P\{X=k\}=p(1-p)^{k-1},\quad k=1,2,\cdots,$$

其中 $0<p<1$ 是常数,求 $E(X),D(X)$.

39. 设随机变量 X_1,X_2,X_3,X_4 相互独立,且有 $E(X_i)=i,D(X_i)=5-i,i=1,2,3,4$. 设 $Y=2X_1-X_2+3X_3-\dfrac{1}{2}X_4$,求 $E(Y),D(Y)$.

40. 在体操比赛中,体操运动员某个动作的成绩是将各个评委打的分数取平均值后所得作为最后的成绩,参评的评委越多,这个平均分应该越接近于运动员的真实成绩,这个道理的依据是大数定律还是中心极限定理? 请说明理由.

第2章 数理统计的基本知识

第1章概述了概率论的基本内容,从本章起,我们将讲述数理统计.数理统计是具有广泛应用的一个数学分支,它以概率论为理论基础,根据试验或观测得到的数据,对所研究的随机现象的统计规律性作出合理的估计和推断,直至为采取某种决策和行动提供依据和建议.数理统计的内容非常丰富,本书只介绍参数估计、假设检验、方差分析、试验设计和回归分析等内容.

本章介绍总体、随机样本及统计量等基本概念,并讨论几个常用统计量及抽样分布.

2.1 随 机 样 本

2.1.1 总体与个体

在数理统计中,把研究对象的全体所组成的集合称为**总体**,把组成总体的每个元素称为**个体**.总体中所包含的个体的个数称为总体的**容量**,容量为有限的称为**有限总体**,容量为无限的称为**无限总体**.总体与个体之间的关系,即集合与元素的关系.

例如,研究某水泥厂生产出的 1000 袋同一型号的水泥质量,则该批水泥的全体构成一个有限总体,每一袋水泥就是一个个体.又如,测量某一湖泊任一点的深度,则该湖泊任一点深度的全体构成了一个无限总体,任一点的深度是一个个体.

数理统计是研究随机现象数量化的统计规律性的学科,因此我们主要关心研究的是总体中每个个体的某一数量指标.例如,研究水泥的质量,主要关心每一袋水泥的强度这一数量指标.总体的数量指标是一个随个体不同而变化的量.总体中的每一个个体是随机试验中的一个观察值.因此它是某一随机变量.这样从数学意义上来说,总体是一个随机变量 X 所有可能取值的全体,个体就是 X 的取值.因此总体对应于一个随机变量 X,而随机变量 X 的分布就完全描述了总体中所研究的数量指标的分布情况.于是 X 的分布函数和数字特征就称为总体的分布函数和数字特征.今后不再区分总体与相应的随机变量,统称总体 X.

例如,某电视机厂生产的电视显像管的寿命这一总体,对应于一个服从指数分布的随机变量,我们就说它是指数分布总体,其意指总体的观察值是指数分布随机变量的值.

2.1.2 样本

从总体中抽取部分个体的过程称为**抽样**.由于实际问题中总体的分布一般是未知的,或其某些参数是未知的.为了了解总体的分布或某些特征,需要对总体进行抽样观察,即从总体 X 中随机抽取 n 个个体 $X_1, X_2, \cdots, X_n$,称它们为来自总体 X 的容量为 n 的一个**样本**,作为一个整体也记为 $(X_1, X_2, \cdots, X_n)$.由于每个个体 X_i 都是从总体 X 中随机抽取的,其观察的结果可看成是一个随机变量的取值,故 $X_i(i=1,2,\cdots,n)$ 是一个随机变量,从而样本 $(X_1, X_2, \cdots, X_n)$ 是一个 n 维随机向量.若用 x_i 表示个体 X_i 的具体观察值 $(i=1,2,\cdots,n)$,则 $(x_1, x_2, \cdots, x_n)$ 称为样本 $(X_1, X_2, \cdots, X_n)$ 的一个**样本值**,也称为样本的一次实现.

从总体 X 中抽取一组样本 $(X_1, X_2, \cdots, X_n)$,是为了以此为依据对总体 X 的分布或某些参数进行分析与推断,因而要求抽取的样本要能很好地反映总体的性态,因此要求样本满足以下条件:

(1) 代表性——随机变量 $X_1, X_2, \cdots, X_n$ 都与总体 X 同分布;

(2) 独立性——随机变量 $X_1, X_2, \cdots, X_n$ 相互独立.

具有上述两个条件的样本称为**简单随机样本**.

综上所述,我们给出以下定义.

定义 2.1 设 X 是具有分布函数 F 的随机变量,若 $X_1, X_2, \cdots, X_n$ 是具有同一分布函数 F 的相互独立的随机变量,则称 $(X_1, X_2, \cdots, X_n)$ 为从分布函数 F(或总体 X)得到的**容量为 n 的简单随机样本**,简称**样本**.它们的观察值 $(x_1, x_2, \cdots, x_n)$ 称为**样本值**.

在实践中,常用以下三种方法,获得简单随机样本:

(1) 对于无限总体,在相同条件下进行不放回抽样;

(2) 对于有限总体,采用有放回抽样;

(3) 对于有限总体,当样本容量与总体容量之比不超过 0.1 时,采用不放回抽样所得样本可近似于简单随机样本.

由定义 2.1 得,若 $X_1, X_2, \cdots, X_n$ 为 F 的一个样本,则 $(X_1, X_2, \cdots, X_n)$ 的分布函数为

$$F^*(x_1, x_2, \cdots x_n) = \prod_{i=1}^{n} F(x_i). \tag{2-1}$$

特别地,若总体 X 为离散型随机变量,其分布律为 $P\{X = x_i\} = p(x_i)$,x_i 取遍 X 所有可能取值,则样本的概率分布为

$$P\{X_1 = x_1, X_2 = x_2, \cdots, X_n = x_n\} = \prod_{i=1}^{n} p(x_i). \tag{2-2}$$

若总体 X 为连续型随机变量,其概率密度为 $f(x)$,则样本的概率密度为

$$f^*(x_1, x_2, \cdots, x_n) = \prod_{i=1}^{n} f(x_i). \tag{2-3}$$

2.1.3　统计量

样本是总体的代表和反映,含有总体的信息.但所抽取的样本值是一组零乱的数据,不易直接对总体的特征进行推断,因而需对样本进行整理与分析,针对不同的问题构造出合适的只依赖于样本的函数,即统计量,来对总体的特征进行科学有效的推断.

定义 2.2　设 $(X_1, X_2, \cdots, X_n)$ 是来自总体 X 的一个样本,$g(X_1, X_2, \cdots X_n)$ 为样本的函数,若 $g(X_1, X_2, \cdots, X_n)$ 中不含未知参数,则称 $g(X_1, X_2, \cdots, X_n)$ 为**统计量**.

例如,设总体 X 服从正态分布,$E(X) = \mu$ 已知,$D(X) = \sigma^2$ 未知,$(X_1, X_2, X_3,$ $X_4)$ 是取自总体 X 的一个样本,则 $\dfrac{1}{4} \sum\limits_{i=1}^{4} X_i, X_1^2 + X_2^2, \sum\limits_{i=1}^{4} (X_i - \mu)^2$ 均为样本 $(X_1,$ $X_2, X_3, X_4)$ 的统计量,但 $\dfrac{\sum\limits_{i=1}^{4} X_i - 4\mu}{\sigma}$ 不是该样本的统计量,因其含有未知参数 σ.

因 $X_1, X_2, \cdots, X_n$ 都是随机变量,而统计量 $g(X_1, X_2, \cdots, X_n)$ 是随机变量的函数,因此统计量也是一个随机变量.设 $(x_1, x_2, \cdots, x_n)$ 是样本 $(X_1, X_2, \cdots, X_n)$ 的样本值,则称 $g(x_1, x_2, \cdots, x_n)$ 为 $g(X_1, X_2, \cdots, X_n)$ 的**观察值**.

设 $(X_1, X_2, \cdots, X_n)$ 是总体 X 的样本,常用的统计量有

(1) 样本均值:　　　　　$\overline{X} = \dfrac{1}{n} \sum\limits_{i=1}^{n} X_i;$ 　　　　　　　　　　(2-4)

(2) 样本方差:　　　　　$S^2 = \dfrac{1}{n-1} \sum\limits_{i=1}^{n} (X_i - \overline{X})^2;$ 　　　　　　　(2-5)

　　样本标准差:　　　　$S = \sqrt{\dfrac{1}{n-1} \sum\limits_{i=1}^{n} (X_i - \overline{X})^2};$ 　　　　　　(2-6)

(3) 样本 k 阶(原点)矩: $M_k = \dfrac{1}{n} \sum\limits_{i=1}^{n} X_i^k, k = 1, 2, \cdots;$ 　　(2-7)

(4) 样本 k 阶中心矩: $M_k' = \dfrac{1}{n} \sum\limits_{i=1}^{n} (X_i - \overline{X})^k, k = 1, 2, \cdots.$ 　(2-8)

注 1　上述 5 种统计量也称为**样本的数字特征**.它们的观察值仍分别称为样本均值、样本方差、样本标准差、样本 k 阶(原点)矩、样本 k 阶中心矩.

注2 $Q = \sum_{i=1}^{n}(X_i - \overline{X})^2$ 称为样本的偏差平方和,由于

$$Q = \sum_{i=1}^{n}(X_i^2 - 2X_i\overline{X} + \overline{X}^2) = \sum_{i=1}^{n}X_i^2 - 2\overline{X}\sum_{i=1}^{n}X_i + n\overline{X}^2 = \sum_{i=1}^{n}X_i^2 - n\overline{X}^2,$$

从而

$$S^2 = \frac{1}{n-1}\left(\sum_{i=1}^{n}X_i^2 - n\overline{X}^2\right).$$

注3 $\overline{X} = M_1; S^2 = \frac{n}{n-1}M_2'$. 当 n 不大时, S^2 与 M_2' 相差较大.

样本均值 $\overline{X}$ 与样本方差 S^2 这两个统计量在数理统计中有着重要的作用,且容易得出它们有如下的重要性质.

性质 2.1 设总体 X 的期望为 μ,方差为 σ^2,则

(1) $E(\overline{X}) = E(X) = \mu$;

(2) $D(\overline{X}) = \dfrac{D(X)}{n} = \dfrac{\sigma^2}{n}$;

(3) $E(S^2) = D(X) = \sigma^2$;

(4) 当 $X \sim N(\mu, \sigma^2)$ 时, $\overline{X}$ 与 S^2 相互独立.

2.2 经验分布与直方图

通过观察或试验得到的样本值,一般是杂乱无章的,需要整理才能从总体上呈现其统计规律性.本节介绍的两种常用方法——经验分布法和直方图法,均是按升序法将样本进行整理,然后由其构造一个经验分布函数和频率直方图,分别来描述总体分布函数的大致形状和连续型总体的概率密度的大致形态.

2.2.1 经验分布函数

总体 X 的分布称为**理论分布**,由式(2-1)~式(2-3)知,若总体 X 的理论分布已知,则 X 的样本 $(X_1, X_2, \cdots, X_n)$ 的联合分布就可以确定.反过来,如何由样本 $(X_1, X_2, \cdots, X_n)$ 的样本值来推断总体 X 的分布呢? 为此,引入经验分布函数.

定义 2.3 设 $(X_1, X_2, \cdots, X_n)$ 是取自总体 X 的样本,其样本值为 $(x_1, x_2, \cdots, x_n)$,将此样本值按从小到大的顺序排列为 $x_1^* \leqslant x_2^* \leqslant \cdots \leqslant x_n^*$. 令

$$F_n(x) = \begin{cases} 0, & x < x_1^*, \\ \dfrac{k}{n}, & x_k^* \leqslant x < x_{k+1}^*, \quad k = 1, 2, \cdots, n-1, \\ 1, & x \geqslant x_n^*, \end{cases} \tag{2-9}$$

称 $F_n(x)$ 为 X 的**经验分布函数**.

例 2.1　随机观察总体 X,得到一个容量为 10 的样本值:

　　　　3.3　2.5　−1　2.5　0　3　2　2.5　2　3.6

求 X 的经验分布函数.

解　把样本值从小到大排序为:$-1<0<2=2<2.5=2.5=2.5<3.3<$ 3.6.于是得经验分布函数为

$$F_{10}(x)=\begin{cases}0, & x<-1,\\ 1/10, & -1\leqslant x<0,\\ 2/10, & 0\leqslant x<2,\\ 4/10, & 2\leqslant x<2.5,\\ 7/10, & 2.5\leqslant x<3,\\ 8/10, & 3\leqslant x<3.3,\\ 9/10, & 3.3\leqslant x<3.6,\\ 1 & x\geqslant3.6,\end{cases}$$

其图像如图 2-1 所示.

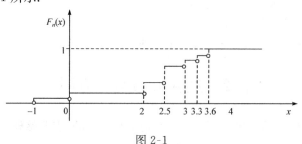

图 2-1

由经验分布函数的构造,易见 $F_n(x)$ 具有以下性质:

(1) 单调非减;(2) 右连续;(3) $0\leqslant F_n(x)\leqslant1$;(4) $F_n(-\infty)=0,F_n(+\infty)=1$. 这说明 $F_n(x)$ 具有与分布函数相同的性质.但对于固定的 x,经验分布函数是依赖于样本值的,由于样本值的抽取是随机的,因而 $F_n(x)$ 具有随机性.

根据大数定律可以知道,事件发生的频率依概率收敛于这个事件发生的概率. 因此可由事件 $\{X\leqslant x\}$ 发生的频率 $\dfrac{k}{n}$ 来估计 $P\{X\leqslant x\}$,即用经验分布函数 $F_n(x)$ 来估计总体 X 的理论分布函数 $F(x)=P\{X\leqslant x\}$.格里文科(W. Glivenko)于 1933 年从理论上严格地证明了在定义域 $(-\infty,+\infty)$ 上,$F_n(x)$ 与 $F(x)$ 之差的绝对值的上确界在 $n\rightarrow\infty$ 时其极限为 0 的概率为 1. 由此可知,当 n 充分大时,经验分布函数 $F_n(x)$ 是总体分布函数 $F(x)$ 的一个很好的近似.

图 2-2 与图 2-3 中的曲线是某种型号灯泡寿命(总体)的分布函数 $F(x)$ 与经验分布函数 $F_{25}(x)$ 和 $F_{110}(x)$ 的图形.可以看到,对不同的样本得到的经验分布函数不同,但它们都是总体理论分布的近似,而且当 n 越大时,近似程度越好.

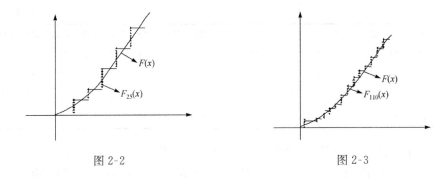

图 2-2   图 2-3

2.2.2 频率直方图

由样本值作频率直方图的步骤如下：

设 $(x_1, x_2, \cdots, x_n)$ 是来自总体 X 的样本 $(X_1, X_2, \cdots, X_n)$ 的样本值.

(1) 求出 $x_1, x_2, \cdots, x_n$ 中的最小者 x_1^* 和最大者 x_n^*；

(2) 选取常数 a(略小于 x_1^*)和 b(略大于 x_n^*)，并将区间 $[a, b]$ 等分成 m 个小区间(一般当 n 较大时，m 取 $10 \sim 20$，当 $n < 50$ 时，m 取 $5 \sim 6$，分点通常比数据精度高一位，以免数据落在分点上)：$[t_i, t_i + \Delta t]$，$\Delta t = \dfrac{b-a}{m}$，$i = 1, 2, \cdots, m$. Δt 为小区间的长度，称为组距；

(3) 求出组频数 n_i，组频率 $\dfrac{n_i}{n} \triangleq f_i$，以及 $h_i = f_i / \Delta t (i = 1, 2, \cdots, m)$；

(4) 在区间 $[t_i, t_i + \Delta t]$ 上以 h_i 为高，Δt 为宽作小矩形，其面积恰为 f_i，所有小矩形合在一起构成的图形就是**频率直方图**.

注 由于频率直方图中每个小矩形的面积恰为样本值落入该小区间的频率 $f_i = \dfrac{n_i}{n}$，而当 n 很大时，频率接近于概率 $P\{t_i \leqslant X < t_i + \Delta t\}$，因而一般来说，每个小区间上的小矩形面积接近于概率密度曲线之下该小区间之上的曲边梯形的面积. 于是频率直方图的外廓曲线接近于总体 X 的概率密度曲线.

例 2.2 从某厂生产的混凝土构件中随机抽取 150 件，测得其抗压强度如表 2-1所示，列出分组表，并作出频率直方图.

表 2-1

205	200	220	221	215	243	230	226	225	227	201	195	210	210	217	216	217
223	224	224	223	206	212	218	222	235	219	219	190	223	225	231	237	201
208	213	218	221	226	229	219	224	211	207	212	214	227	217	222	233	214
215	208	225	211	216	232	228	239	223	221	221	220	232	215	213	202	199

235	206	226	228	236	209	217	217	246	228	233	219	216	209	212	220	224
229	234	230	231	240	196	231	242	213	226	223	234	233	212	203	238	220
222	222	213	224	229	215	211	223	223	249	218	209	225	228	232	221	221
224	215	232	230	238	233	208	203	227	222	224	220	204	230	227	205	227
217	222	229	210	207	211	212	213	219	214	216	236	218	225			

解　这 150 个样本值中,最小值 $x_1^* = 190$,最大值 $x_{150}^* = 249$,取 $a = 189.5, b = 249.5, m = 12$,即将区间 $[189.5, 249.5]$ 分成 12 个小区间,则组距 $\Delta t = \dfrac{249.5 - 189.5}{12} = 5$,其分组表及频率直方图分别如表 2-2 和图 2-4 所示.

表 2-2

区间	组频数 n_i	组频率 f_i	高 $h_i = f_i / \Delta t$
189.5～194.5	1	1/150	1/750
194.5～199.5	3	3/150	3/750
199.5～204.5	7	7/150	7/750
204.5～209.5	12	12/150	12/750
209.5～214.5	20	20/150	20/750
214.5～219.5	24	24/150	24/750
219.5～224.5	31	31/150	31/750
224.5～229.5	22	22/150	22/750
229.5～234.5	17	17/150	17/750
234.5～239.5	8	8/150	8/750
239.5～244.5	3	3/150	3/750
244.5～249.5	2	2/150	2/750
合计	150	1	

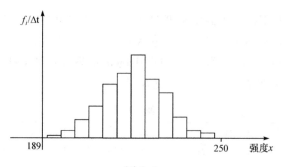

图 2-4

从图 2-4 中可以看出,频率直方图呈中间高、两头低的"倒钟形",可以粗略地认为该种混凝土构件的强度服从正态分布,其数学期望在 222 附近.

2.3 抽 样 分 布

统计量的分布也称抽样分布,在使用统计量进行统计推断时常需知道它的分布. 理论上,只要知道总体的分布就可以求出抽样分布,但在一般情况下,要求出抽样分布是相当困难的. 本节先介绍三种常用分布,然后仅介绍来自正态总体的几个常用统计量的分布. 由于这些抽样分布的论证过程需要较多数学知识,我们只给出有关结论,以供应用.

2.3.1 三种常用分布

1. χ^2 分布

设 $(X_1, X_2, \cdots, X_n)$ 是来自标准正态总体 $N(0,1)$ 的样本,则称统计量

$$\chi^2 = X_1^2 + X_2^2 + \cdots + X_n^2 \tag{2-10}$$

服从自由度为 n 的 χ^2 分布,记为 $\chi^2 \sim \chi^2(n)$. 此处,自由度是指式(2-10)右端包含的独立变量的个数.

利用随机变量函数的分布的计算方法,可以证明 $\chi^2(n)$ 分布的概率密度为

$$f(y) = \begin{cases} \dfrac{1}{2^{n/2}\,\Gamma(n/2)} y^{n/2-1}\,\mathrm{e}^{-y/2}, & y \geqslant 0, \\ 0, & y < 0, \end{cases}$$

其中 $\Gamma\left(\dfrac{n}{2}\right)$ 是函数 $\Gamma(x) = \displaystyle\int_0^{+\infty} t^{x-1}\,\mathrm{e}^{-t}\,\mathrm{d}t$ 在 $x = \dfrac{n}{2}$ 处的值,该函数被称为 Γ 函数.

$f(y)$ 的图形如图 2-5 所示.

χ^2 分布的可加性 设 $\chi_1^2 \sim \chi^2(n_1)$,$\chi_2^2 \sim \chi^2(n_2)$,并且 χ_1^2,χ_2^2 相互独立,则有

$$\chi_1^2 + \chi_2^2 \sim \chi^2(n_1 + n_2).$$

χ^2 分布的数学期望和方差 若 $\chi^2 \sim \chi^2(n)$,则有

$$E(\chi^2) = n, \quad D(\chi^2) = 2n.$$

χ^2 分布的上 α 分位点 对于给定的 $\alpha(0 < \alpha < 1)$,称满足条件

$$P\{\chi^2 > \chi_\alpha^2(n)\} = \int_{\chi_\alpha^2(n)}^{+\infty} f(x)\,\mathrm{d}x = \alpha$$

的点 $\chi_\alpha^2(n)$ 为 $\chi^2(n)$ 分布的上 α 分位点(图 2-6).

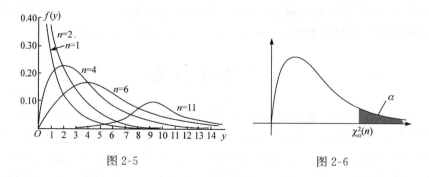

图 2-5 图 2-6

当 $n \leqslant 45$ 时，其值可查附表 3；当 $n > 45$ 时，$\chi_\alpha^2(n)$ 可由近似公式

$$\chi_\alpha^2(n) \approx \frac{1}{2}(z_\alpha + \sqrt{2n-1})^2 \qquad (2-11)$$

给出，其中 z_α 是标准正态分布的上 α 分位点.

2. t 分布

设 $X \sim N(0,1)$，$Y \sim \chi^2(n)$，且 X 与 Y 相互独立，则称随机变量

$$T = \frac{X}{\sqrt{Y/n}} \qquad (2-12)$$

服从自由度为 n 的 t 分布，记为 $T \sim t(n)$. t 分布又称**学生**(Student)分布. t 分布的概率密度为

$$f(x) = \frac{\Gamma[(n+1)/2]}{\sqrt{n\pi}\,\Gamma(n/2)}\left(1 + \frac{x^2}{n}\right)^{-(n+1)/2}, \quad -\infty < x < +\infty.$$

$f(x)$ 的图形如图 2-7 所示.

由 $f(x)$ 是偶函数，故 $f(x)$ 的图形关于 $x=0$ 对称. 利用 Γ 函数的性质可得

$$\lim_{n \to \infty} f(x) = \frac{1}{\sqrt{2\pi}} e^{-\frac{x^2}{2}}.$$

故当 n 充分大时，t 分布近似于 $N(0,1)$ 分布. 但对于较小的 n，t 分布与 $N(0,1)$ 分布相差较大.

t 分布的上 α 分位点 对于给定的 $\alpha(0 < \alpha < 1)$，称满足条件

$$P\{T > t_\alpha(n)\} = \int_{t_\alpha(n)}^{+\infty} f(x)\,\mathrm{d}x = \alpha$$

的点 $t_\alpha(n)$ 为 $t(n)$ 分布的上 α 分位点(图 2-8).

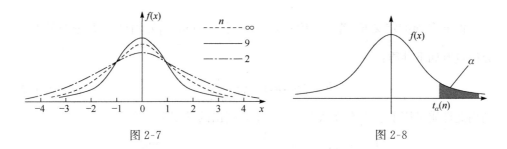

图 2-7 图 2-8

由 t 分布上 α 分位点的定义及概率密度函数 $f(x)$ 图形的对称性知

$$t_{1-\alpha}(n) = -t_\alpha(n). \tag{2-13}$$

当 $n \leqslant 45$ 时,t 分布的上 α 分位点可由附表 4 查得,当 $n > 45$ 时,$t_\alpha(n) \approx z_\alpha$.

3. F 分布

设 $U \sim \chi^2(n_1)$,$V \sim \chi^2(n_2)$,且 U,V 相互独立,则称随机变量

$$F = \frac{U/n_1}{V/n_2} \tag{2-14}$$

服从自由度为 (n_1, n_2) 的 F 分布,记为 $F \sim F(n_1, n_2)$.

$F(n_1, n_2)$ 分布的概率密度为

$$f(x) = \begin{cases} \dfrac{\Gamma[(n_1+n_2)/2]}{\Gamma(n_1/2)\Gamma(n_2/2)} \left(\dfrac{n_1}{n_2}\right) \left(\dfrac{n_1}{n_2}x\right)^{\frac{n_1}{2}-1} \left(1+\dfrac{n_1}{n_2}x\right)^{-\frac{n_1+n_2}{2}}, & x \geqslant 0, \\ 0, & x < 0. \end{cases}$$

$f(x)$ 的图形如图 2-9 所示.

F 分布的上 α 分位点 对于给定的 $\alpha(0 < \alpha < 1)$,称满足条件

$$P\{F > F_\alpha(n_1, n_2)\} = \int_{F_\alpha(n_1, n_2)}^{+\infty} f(x)\mathrm{d}x = \alpha$$

的点 $F_\alpha(n_1, n_2)$ 为 $F(n_1, n_2)$ 分布的上 α 分位点(图 2-10).

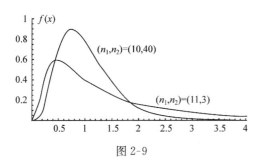

图 2-9

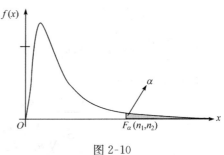

图 2-10

由 F 分布的定义知,若 $F\sim F(n_1,n_2)$,则 $\dfrac{1}{F}\sim F(n_2,n_1)$. 由此得 F 分布的上 α 分位点有如下性质:

$$F_{1-\alpha}(n_1,n_2)=\frac{1}{F_\alpha(n_2,n_1)}.\qquad(2\text{-}15)$$

利用此性质可用来求 F 分布表(附表 5)中未列出的常用上 α 分位点,如

$$F_{0.95}(9,12)=\frac{1}{F_{0.05}(12,9)}=\frac{1}{3.07}=0.326.$$

2.3.2　来自正态总体的常用统计量的分布

1. 来自单一正态总体 $N(\mu,\sigma^2)$ 的统计量的分布

定理 2.1　设 $(X_1,X_2,\cdots,X_n)$ 是来自正态总体 $N(\mu,\sigma^2)$ 的一个样本,$\overline{X},S^2$ 分别是样本均值和样本方差,则有

(1) $\overline{X}\sim N\left(\mu,\dfrac{\sigma^2}{n}\right)$,即 $\dfrac{\overline{X}-\mu}{\sigma/\sqrt{n}}\sim N(0,1)$;　　　　　　　　　　　　(2-16)

(2) $\dfrac{(n-1)S^2}{\sigma^2}\sim\chi^2(n-1)$;　　　　　　　　　　　　　　　　(2-17)

(3) $\dfrac{\overline{X}-\mu}{S/\sqrt{n}}\sim t(n-1)$.　　　　　　　　　　　　　　　　　(2-18)

2. 来自两个正态总体 $N(\mu_1,\sigma_1^2),N(\mu_2,\sigma_2^2)$ 的统计量的分布

定理 2.2　设 $(X_1,X_2,\cdots,X_n)$ 与 $(Y_1,Y_2,\cdots,Y_n)$ 分别是来自两个相互独立的正态总体 $N(\mu_1,\sigma_1^2)$ 和 $N(\mu_2,\sigma_2^2)$ 的样本,其样本均值分别记为 $\overline{X},\overline{Y}$,样本方差分别记为 S_1^2,S_2^2,则

(1) $\dfrac{(\overline{X}-\overline{Y})-(\mu_1-\mu_2)}{\sqrt{\dfrac{\sigma_1^2}{n_1}+\dfrac{\sigma_2^2}{n_2}}}\sim N(0,1)$;　　　　　　　　　(2-19)

(2) $\dfrac{S_1^2/S_2^2}{\sigma_1^2/\sigma_2^2}\sim F(n_1-1,n_2-1)$;　　　　　　　　　(2-20)

(3) 当 $\sigma_1^2=\sigma_2^2$ 时,

$$\frac{(\overline{X}-\overline{Y})-(\mu_1-\mu_2)}{S_\varpi\sqrt{\dfrac{1}{n_1}+\dfrac{1}{n_2}}}\sim t(n_1+n_2-2),\qquad(2\text{-}21)$$

其中 $S_\varpi^2=\dfrac{(n_1-1)S_1^2+(n_2-1)S_2^2}{n_1+n_2-2}$.

例 2.3 在总体 $N(\mu,\sigma^2)$ 中抽取一容量为 21 的样本,其中 μ,σ^2 均未知,求

$$P\left\{\frac{S^2}{\sigma^2}\leqslant 1.7085\right\}.$$

解 由式(2-17)知,$\dfrac{(n-1)S^2}{\sigma^2}\sim\chi^2(n-1)$,即 $\dfrac{20S^2}{\sigma^2}\sim\chi^2(20)$.

于是

$$P\left\{\frac{20S^2}{\sigma^2}>\chi^2_\alpha(20)\right\}=\alpha,\quad 0<\alpha<1,$$

故

$$P\left\{\frac{S^2}{\sigma^2}\leqslant 1.7085\right\}=P\left\{\frac{20S^2}{\sigma^2}\leqslant 1.7085\times 20\right\}=P\left\{\frac{20S^2}{\sigma^2}\leqslant 34.17\right\}$$

$$=1-P\left\{\frac{20S^2}{\sigma^2}>34.17\right\}.$$

查 χ^2 分布表知,$\alpha=0.025$ 时,$\chi^2_\alpha(20)\approx 34.17$,故 $P\{S^2/\sigma^2\leqslant 1.7085\}=1-0.025=0.975$.

例 2.4 设 $(X_1,X_2,\cdots,X_{15})$ 是来自总体 $N(0,2^2)$ 的样本,问统计量

$$Y=\frac{X_1^2+X_2^2+\cdots+X_{10}^2}{2(X_{11}^2+X_{12}^2+\cdots+X_{15}^2)}$$

服从什么分布?

解 因为 $X_i\sim N(0,2^2)$,标准化得,$\dfrac{X_i}{2}\sim N(0,1)$,$i=1,2,\cdots,15$. 从而由 χ^2 分布的定义知:$\dfrac{X_1^2+X_2^2+\cdots+X_{10}^2}{2^2}\sim\chi^2(10)$,$\dfrac{X_{11}^2+X_{12}^2+\cdots+X_{15}^2}{2^2}\sim\chi^2(5)$.

而

$$Y=\frac{X_1^2+X_2^2+\cdots+X_{10}^2}{2(X_{11}^2+X_{12}^2+\cdots+X_{15}^2)}=\frac{\dfrac{X_1^2+X_2^2+\cdots+X_{10}^2}{2^2}\Big/10}{\dfrac{X_{11}^2+X_{12}^2+\cdots+X_{15}^2}{2^2}\Big/5},$$

再由式(2-14)得

$$Y\sim F(10,5).$$

习　题　2

1. 设总体 $X\sim B(1,p)$,其中 p 是未知参数,$(X_1,X_2,\cdots,X_6)$ 是来自总体 X 的样本.

(1) 写出样本 $(X_1,X_2,\cdots,X_6)$ 的分布律;

(2) 指出 $X_1+X_2+X_5$,$\dfrac{X_1}{p}$,$(X_6-\overline{X})^2$ 中哪些是统计量,哪些不是统计量;

(3) 若样本值为 $(0,1,0,1,1,1)$,求样本均值和样本方差.

2. 设总体 $X \sim N(\mu, \sigma^2)$，其中参数 μ 已知，σ^2 未知，$(X_1, X_2, \cdots, X_6)$ 是来自总体 X 的样本.

(1) 写出样本 $(X_1, X_2, \cdots, X_6)$ 的概率密度；

(2) 指出 $\sum\limits_{i=1}^{6} (X_i - \overline{X})$，$\dfrac{1}{\sigma^2} \sum\limits_{i=1}^{6} (X_i - \mu)^2$，$\dfrac{5S^2}{\sigma^2}$ 中哪些是统计量，哪些不是统计量.

3. 随机观察总体 X，得到一个容量为 6 的样本值：$-2.1, -1, 0.1, 1.3, 2, 3.1$. 试求 X 的经验分布函数 $F_6(x)$，并作出其图形.

4. 上海证券交易所将每天各种股票的交易价格概括为一个综合指标，称为**上证指数**. 如果今天的上证指数为 y，而上一个交易日的上证指数为 y'，则称 $x = y - y'$ 为上证指数的涨跌值. 下面的数据便是上海证券交易所 1995 年头 50 个交易日上证指数涨跌的观察值（摘自新民晚报）：

$$
\begin{array}{rrrrrrrrrr}
-0.87 & 13.93 & -6.92 & -6.13 & -14.79 & -15.70 & -2.83 & -11.01 & -4.28 & -9.03 \\
5.70 & -21.92 & -0.48 & -17.80 & -5.87 & 8.20 & -2.67 & -28.87 & -1.23 & 1.26 \\
19.61 & -11.98 & 7.46 & -0.73 & -5.27 & -4.47 & -4.61 & 1.20 & 6.18 & 53.50 \\
-5.51 & -30.70 & 2.84 & -12.01 & 7.70 & 3.89 & 16.37 & 39.08 & 16.66 & -12.15 \\
-15.22 & -19.30 & -0.06 & 2.01 & -15.64 & 7.28 & 13.64 & -8.07 & 6.50 & 21.75
\end{array}
$$

列出这些数据的分组表，并画出频率直方图.

5. 从总体 $X \sim N(80, 20^2)$ 中抽取容量为 100 的样本，求样本均值与总体均值之差的绝对值大于 3 的概率.

6. 设 $X_1, X_2, \cdots, X_n$ 为正态总体 $N(\mu, \sigma^2)$ 的样本，试证明 $\sum\limits_{i=1}^{n} \left(\dfrac{X_i - \mu}{\sigma} \right)^2 \sim \chi^2(n)$.

7. 设总体 $X \sim N(20, 3)$，从 X 中分别抽取容量为 $10, 15$ 的两个相互独立的样本，求两样本均值之差的绝对值大于 0.3 的概率.

8. 从总体 $X \sim N(\mu, \sigma^2)$ 中抽取一容量为 16 的样本，求 $P\left\{ \dfrac{S^2}{\sigma^2} \leqslant 2.04 \right\}$.

9. 设正态总体 $X \sim N(\mu_1, \sigma^2)$，$Y \sim N(\mu_2, \sigma^2)$，且 X, Y 相互独立，$(X_1, X_2, \cdots, X_5)$ 及 $(Y_1, Y_2, \cdots, Y_9)$ 分别是来自 X, Y 的样本，而 S_1^2 和 S_2^2 分别是两个样本的方差.

(1) 指出 $\dfrac{S_1^2}{S_2^2}$ 服从什么分布；

(2) 若 $P\left\{ \dfrac{S_1^2}{S_2^2} > \lambda \right\} = 0.90$，求 λ.

10. 设 $(X_1, X_2, \cdots, X_{2n})$ 是来自正态总体 $N(0, \sigma^2)$ 的样本，试求统计量

$$
Y = \frac{X_1 + X_3 + \cdots + X_{2n-1}}{\sqrt{X_2^2 + X_4^2 + \cdots + X_{2n}^2}}
$$

的分布.

第3章 参数估计

统计推断就是用样本来推断总体,可以分为两大类问题:参数估计问题与假设检验问题.本章讨论参数估计问题.

参数估计主要研究总体的分布类型已知,但分布中含有一个或多个未知参数时,利用样本值对总体的未知参数进行估计推断的问题.参数估计问题又分为点估计与区间估计两类问题.

3.1 点 估 计

若总体 X 的分布函数 $F(x,\theta)$ 的形式为已知,θ 是未知参数,也称待估参数(注:多于一个未知参数时,可同样讨论),$(X_1,X_2,\cdots,X_n)$ 是总体 X 的一个样本,$(x_1,x_2,\cdots,x_n)$ 是此样本的一个样本值.点估计问题就是要由此样本构造一个适当的统计量 $\hat{\theta}(X_1,X_2,\cdots,X_n)$,用它的观察值 $\hat{\theta}(x_1,x_2,\cdots,x_n)$ 来估计未知参数 θ.把统计量 $\hat{\theta}(X_1,X_2,\cdots,X_n)$ 称为 θ 的**点估计量**,估计量的观察值 $\hat{\theta}(x_1,x_2,\cdots,x_n)$ 称为 θ 的**点估计值**.求参数 θ 的估计量或估计值 $\hat{\theta}$ 称为**点估计**.

估计量是样本的函数,因此对应不同的样本值,θ 的估计值一般是不同的.另外,由于构造估计量的方法不同,对同一未知参数 θ,其估计量也不一定相同.下面介绍两种常用的构造估计量的方法:矩估计法和最大似然估计法.

3.1.1 矩估计法

矩估计法是 1894 年由英国统计学家皮尔逊(K. Pearson)提出的参数点估计方法.由样本的定义及辛钦大数定理可知,当总体的 k 阶矩 $E(X^k)$ 存在且样本容量充分大时,样本的 k 阶矩 M_k 依概率收敛于 $E(X^k)$,这就是矩估计法的理论依据.依此原理,我们可用样本矩作为相应的总体矩的估计量,这种估计方法就称为**矩估计法**.用矩估计法确定的估计量称为**矩估计量**,相应的估计值称为矩估计值.矩估计法的具体做法如下:

设总体 X 的分布函数 $F(x;\theta_1,\theta_2,\cdots,\theta_l)$ 中含有 l 个未知参数 $\theta_1,\theta_2,\cdots,\theta_l$,则

(1) 求总体 X 的前 l 阶矩 $E(X),E(X^2),\cdots,E(X^l)$,它们一般都是这 l 个未知参数的函数,记为

$$\begin{cases} E(X)=g_1(\theta_1,\theta_2,\cdots,\theta_l), \\ E(X^2)=g_2(\theta_1,\theta_2,\cdots,\theta_l), \\ \qquad\qquad \cdots\cdots \\ E(X^l)=g_l(\theta_1,\theta_2,\cdots,\theta_l), \end{cases} \tag{3-1}$$

这是一个包含 l 个未知参数 $\theta_1,\theta_2,\cdots\theta_l,l$ 个方程的方程组.

(2) 解方程组(3-1),解得 $\theta_i=h_i(E(X),E(X^2),\cdots,E(X^l)),i=1,2,\cdots,l.$

(3) 用 $E(X^k)$ 的估计量 $M_k=\dfrac{1}{n}\sum\limits_{j=1}^{n}X_j^k$ 分别代替上式中的 $E(X^k)(k=1,2,\cdots,l)$,即可得 θ_i 的矩估计量:

$$\hat{\theta}_i=h_i(M_1,M_2,\cdots,M_l), \quad i=1,2,\cdots,l.$$

例 3.1   设总体 X 的概率密度为

$$f(x)=\begin{cases} \theta x^{\theta-1}, & 0<x<1, \\ 0, & \text{其他}, \end{cases}$$

其中 $\theta>0$ 是未知参数,$(X_1,X_2,\cdots,X_n)$ 是取自 X 的样本,求参数 θ 的矩估计量.

解   因总体 X 分布中只含有一个未知参数,故只求总体一阶矩 $E(X)$.

$$E(X)=\int_0^1 x\cdot\theta x^{\theta-1}\mathrm{d}x=\theta\int_0^1 x^{\theta}\mathrm{d}x=\frac{\theta}{1+\theta}.$$

解此方程得

$$\theta=\frac{E(X)}{1-E(X)}.$$

用样本一阶矩 $M_1=\overline{X}$ 代替上式中的 $E(X)$,得 θ 的矩估计量为

$$\hat{\theta}=\frac{\overline{X}}{1-\overline{X}}.$$

例 3.2   设总体 X 的分布律为

X	0	1	2	3
p_i	θ^2	$2\theta(1-\theta)$	θ^2	$1-2\theta$

其中 $\theta(0<\theta<1/2)$ 未知,$(X_1,X_2,\cdots,X_8)$ 是取自 X 的样本,$(3,1,0,3,3,1,2,3)$ 是对应的样本值,求参数 θ 的矩估计量及对应的矩估计值.

解 $E(X)=0\cdot\theta^2+1\cdot2\theta(1-\theta)+2\cdot\theta^2+3\cdot(1-2\theta)=3-4\theta,$
解此方程得

$$\theta=\frac{3-E(X)}{4}.$$

用 $\overline{X}$ 代替 $E(X)$,得 θ 的矩估计量为

$$\hat{\theta} = \frac{3 - \overline{X}}{4},$$

代入样本值$(3,1,0,3,3,1,2,3)$,得$\overline{x} = \frac{1}{8}(3+1+0+3+3+1+2+3) = 2$.

故θ的矩估计值为

$$\hat{\theta} = \frac{3-2}{4} = \frac{1}{4}.$$

例 3.3 设总体X的均值μ及方差σ^2都存在,且$\sigma^2 > 0$,但μ, σ^2均未知,又设$(X_1, X_2, \cdots, X_n)$是取自X的样本,试求μ, σ^2的矩估计量.

解 因为

$$\begin{cases} E(X) = \mu, \\ E(X^2) = D(X) + E^2(X) = \sigma^2 + \mu^2, \end{cases}$$

解此方程组得

$$\begin{cases} \mu = E(X), \\ \sigma^2 = E(X^2) - E^2(X), \end{cases}$$

用$\overline{X}, M_2 = \frac{1}{n}\sum_{i=1}^{n} X_i^2$分别代替$E(X)$及$E(X^2)$,得$\mu$及$\sigma^2$的矩估计量分别为

$$\hat{\mu} = \overline{X},$$

$$\hat{\sigma}^2 = M_2 - \overline{X}^2 = \frac{1}{n}\sum_{i=1}^{n} X_i^2 - \overline{X}^2 = \frac{1}{n}\sum_{i=1}^{n}(X_i - \overline{X})^2 = M_2'.$$

此例题结果表明,不论总体X的分布为何,总体均值μ的矩估计量均是样本一阶矩$\overline{X}$,总体方差σ^2的矩估计量均是样本的二阶中心矩M_2'.

3.1.2 最大似然估计法

最大似然估计法最早由高斯(C. F. Gauss)提出,其后由英国统计学家费希尔(R. A. Fisher)于1912年正式给出并证明了这个方法的一些性质. 它的思想原理是小概率事件在一次试验中一般不会发生,如果在一次试验中某事件发生了,就可认为此事件发生的概率较大. 因此**最大似然原理**为:在一次抽样中获得的一组样本值$x_1, x_2, \cdots, x_n$的概率应该最大,即事件$\{X_1 = x_1, X_2 = x_2, \cdots, X_n = x_n\}$发生的概率应该最大. 最大似然估计就是建立在最大似然原理基础上的一种统计推断方法. 下面分离散型与连续型两种总体情况介绍最大似然估计法.

若总体X是离散型,其分布律$P\{X = x\} = p(x; \theta), \theta \in \Theta$的形式为已知,$\theta$为待估参数,$\Theta$是$\theta$可能取值的范围,设$(X_1, X_2, \cdots, X_n)$是取自$X$的样本,则$(X_1, X_2, \cdots, X_n)$的分布律为

$$\prod_{i=1}^{n} p(x_i; \theta).$$

又设 $(x_1, x_2, \cdots, x_n)$ 是相应于样本 $(X_1, X_2, \cdots, X_n)$ 的样本值,则事件 $\{X_1 = x_1,$ $X_2 = x_2, \cdots, X_n = x_n\}$ 发生的概率为

$$L(\theta) = L(x_1, x_2, \cdots, x_n; \theta) = \prod_{i=1}^{n} p(x_i; \theta), \quad \theta \in \Theta, \qquad (3\text{-}2)$$

这里 $x_1, x_2, \cdots, x_n$ 是已知的样本值. 由于 $L(\theta)$ 随 θ 的取值变化而变化,是 θ 的函数,称其为样本的**似然函数**. 由最大似然原理,我们要依据样本值 $(x_1, x_2, \cdots, x_n)$ 已经获得的事实,即在一次试验中事件 $\{X_1 = x_1, X_2 = x_2, \cdots, X_n = x_n\}$ 发生了这一事实来推断参数 θ 的取值,就应当让 θ 在 Θ 内取使事件 $\{X_1 = x_1, X_2 = x_2, \cdots, X_n = x_n\}$ 的概率达到最大的那个值 $\hat{\theta}$,也就是用似然函数的最大值点 $\hat{\theta}$ 作为 θ 的估计值. 由此方法而求出的参数的估计值 $\hat{\theta} = \hat{\theta}(x_1, x_2, \cdots, x_n)$ 称为 θ 的**最大似然估计值**,相应的估计量称为**最大似然估计量**.

若总体 X 为连续型,其概率密度 $f(x; \theta)$, $\theta \in \Theta$ 的形式已知, θ 为待估参数, Θ 是 θ 可能的取值范围,则取自总体 X 的样本 $(X_1, X_2, \cdots, X_n)$ 的概率密度函数为 $\prod_{i=1}^{n} f(x_i; \theta)$,设 $(x_1, x_2, \cdots, x_n)$ 是相应于样本 $(X_1, X_2, \cdots, X_n)$ 的样本值,显然若样本 $(X_1, X_2, \cdots, X_n)$ 的概率密度 $\prod_{i=1}^{n} f(x_i; \theta)$ 在点 $(x_1, x_2, \cdots, x_n)$ 处的值

$$L(\theta) = L(x_1, x_2, \cdots, x_n; \theta) = \prod_{i=1}^{n} f(x_i; \theta) \qquad (3\text{-}3)$$

大,随机点 $(X_1, X_2, \cdots, X_n)$ 落在点 $(x_1, x_2, \cdots, x_n)$ 的邻域内的概率就大,因此由最大似然原理, θ 的估计值 $\hat{\theta}$ 应取为使其概率密度 $(3\text{-}3)$ 达到最大的值 $\hat{\theta} = \hat{\theta}(x_1, x_2, \cdots, x_n)$. 称式 $(3\text{-}3)$ 确定的函数 $L(\theta)$ 为样本的**似然函数**,称 $\hat{\theta} = \hat{\theta}(x_1, x_2, \cdots, x_n)$ 为 θ 的**最大似然估计值**,相应的估计量称为**最大似然估计量**.

综上所述,确定最大似然估计值的问题,就归结为求似然函数的最大值问题了. 结合微积分中求连续函数最值的基本方法,最大似然估计法的一般步骤如下:

(1) 写出似然函数 $L(\theta) = L(x_1, x_2, \cdots, x_n; \theta)$;

(2) 令 $\dfrac{\mathrm{d}L(\theta)}{\mathrm{d}\theta} = 0$ 或 $\dfrac{\mathrm{d}\ln L(\theta)}{\mathrm{d}\theta} = 0$,求出驻点;

(3) 在驻点中判断并求出最大值点,即为 θ 的最大似然估计值.

例 3.4 试求例 3.2 中未知参数 θ 的最大似然估计值.

解 对于样本值 $(3, 1, 0, 3, 3, 1, 2, 3)$,似然函数为

$$L(\theta) = \prod_{i=1}^{8} P\{X_i = x_i\} = P\{X = 0\} \cdot [P\{X = 1\}]^2 \cdot P\{X = 2\} \cdot [P\{X = 3\}]^4$$
$$= \theta^2 \cdot [2\theta(1-\theta)]^2 \cdot \theta^2 \cdot (1-2\theta)^4 = 4\theta^6 (1-\theta)^2 (1-2\theta)^4,$$

$$\ln L(\theta) = \ln 4 + 6\ln\theta + 2\ln(1-\theta) + 4\ln(1-2\theta).$$

令

$$\frac{\mathrm{d}\ln L(\theta)}{\mathrm{d}\theta} = \frac{6}{\theta} - \frac{2}{1-\theta} - \frac{8}{1-2\theta} = 0,$$

解得 $\theta_{1,2} = \dfrac{7 \pm \sqrt{13}}{12}$，因为 $\theta = \dfrac{7+\sqrt{13}}{12} > \dfrac{1}{2}$ 不合题意，所以 θ 的最大似然估计值为

$$\hat{\theta} = \frac{7-\sqrt{13}}{12}.$$

例3.5 设有一大批产品，其废品率为 $p(0 < p < 1)$，现从中随机抽取出 80 件产品，检测发现其中有 6 件废品，由此求 p 的最大似然估计值.

解 记 $X_i = \begin{cases} 1, & 第 i 次取废品, \\ 0, & 第 i 次取正品, \end{cases}$ $i = 1, 2, \cdots, 80.$ 视 $(X_1, X_2, \cdots X_{80})$ 为总体 X 的样本.

总体 X 服从 $(0\text{-}1)$ 分布，分布律为

$$P\{X=x\} = p^x (1-p)^{1-x}, \quad x = 0, 1.$$

取得的样本值为 $(x_1, x_2, \cdots, x_{80})$，其中 6 个是 1，74 个是 0，则似然函数为

$$L(p) = \prod_{i=1}^{80} p^{x_i} (1-p)^{1-x_i} = p^6 (1-p)^{74},$$

$$\ln L(p) = 6\ln p + 74\ln(1-p).$$

令

$$\frac{\mathrm{d}\ln L(p)}{\mathrm{d}p} = \frac{6}{p} - \frac{74}{1-p} = 0,$$

得 p 的最大似然估计值为 $\hat{p} = \dfrac{6}{80} = 0.075$.

例3.6 设总体 X 服从指数分布，其概率密度为

$$f(x) = \begin{cases} \theta \mathrm{e}^{-\theta x}, & x > 0, \\ 0, & x \leqslant 0, \end{cases}$$

其中 $\theta > 0$ 是未知参数，$(X_1, X_2, \cdots, X_n)$ 是取自总体 X 的一个样本，求参数 θ 的最大似然估计量.

解 设 $(x_1, x_2, \cdots, x_n)$ 是相应于样本 $(X_1, X_2, \cdots, X_n)$ 的一个样本值，则似然函数为

$$L(\theta) = \begin{cases} \theta^n \mathrm{e}^{-\theta \sum\limits_{i=1}^{n} x_i}, & x_i > 0, \\ 0, & x_i \leqslant 0. \end{cases}$$

显然 $L(\theta)$ 的最大值点一定是 $L_1(\theta) = \theta^n \mathrm{e}^{-\theta \sum\limits_{i=1}^{n} x_i}$ 的最大值点，对其取对数得

$$\ln L_1(\theta) = n\ln\theta - \theta \sum_{i=1}^{n} x_i.$$

令

$$\frac{\mathrm{dln}L_1(\theta)}{\mathrm{d}\theta} = \frac{n}{\theta} - \sum_{i=1}^{n} x_i = 0,$$

得参数 θ 的最大似然估计值为

$$\hat{\theta} = \frac{n}{\sum_{i=1}^{n} x_i} = \frac{1}{\bar{x}}.$$

所以 θ 的最大似然估计量为

$$\hat{\theta} = \frac{1}{\bar{X}}.$$

注 1　如果总体 X 的分布中含有 k 个未知参数 $\theta_1, \theta_2, \cdots, \theta_k, (x_1, x_2, \cdots, x_n)$ 是取自总体 X 的样本值,则似然函数 $L(x_1, x_2, \cdots, x_n; \theta_1, \theta_2, \cdots, \theta_k)$ 为 $\theta_1, \theta_2, \cdots, \theta_k$ 的 k 元函数,由方程组

$$\frac{\partial \mathrm{ln}L(x_1, x_2, \cdots, x_n; \theta_1, \theta_2, \cdots, \theta_k)}{\partial \theta_i} = 0, \quad i = 1, 2, \cdots, k,$$

解得 $\mathrm{ln}L(x_1, x_2, \cdots, x_n; \theta_1, \theta_2, \cdots, \theta_k)$ 的最大值点 $\hat{\theta}_1, \hat{\theta}_2, \cdots, \hat{\theta}_k$ 就分别是参数 $\theta_1, \theta_2, \cdots, \theta_k$ 的最大似然估计值.

注 2　可以证明:若 $\hat{\theta}$ 是参数 θ 的最大似然估计量,而函数 $u = u(\theta)$ 具有单值反函数,则 $u(\hat{\theta})$ 是 $u(\theta)$ 的最大似然估计量.

例 3.7　设总体 $X \sim N(\mu, \sigma^2), \mu, \sigma^2$ 均未知, $(x_1, x_2, \cdots, x_n)$ 为 X 的样本值,求 μ、σ^2 及 σ 的最大似然估计值.

解　似然函数为

$$L(\mu, \sigma^2) = \prod_{i=1}^{n} \frac{1}{\sqrt{2\pi}\sigma} \mathrm{e}^{-\frac{(x_i-\mu)^2}{2\sigma^2}} = (2\pi)^{-\frac{n}{2}} (\sigma^2)^{-\frac{n}{2}} \mathrm{e}^{-\frac{1}{2\sigma^2}\sum_{i=1}^{n}(x_i-\mu)^2},$$

$$\mathrm{ln}L(\mu, \sigma^2) = -\frac{n}{2}\mathrm{ln}(2\pi) - \frac{n}{2}\mathrm{ln}(\sigma^2) - \frac{1}{2\sigma^2}\sum_{i=1}^{n}(x_i-\mu)^2,$$

令

$$\begin{cases} \dfrac{\partial \mathrm{ln}L(\mu, \sigma^2)}{\partial \mu} = \dfrac{1}{\sigma^2}\sum_{i=1}^{n}(x_i-\mu) = \dfrac{1}{\sigma^2}\left(\sum_{i=1}^{n}x_i - n\mu\right) = 0, \\ \dfrac{\partial \mathrm{ln}L(\mu, \sigma^2)}{\partial \sigma^2} = -\dfrac{n}{2\sigma^2} + \dfrac{1}{2\sigma^4}\sum_{i=1}^{n}(x_i-\mu)^2 = 0, \end{cases}$$

解得 μ, σ^2 的最大似然估计值分别为

$$\hat{\mu} = \frac{1}{n}\sum_{i=1}^{n}x_i = \bar{x}, \quad \hat{\sigma}^2 = \frac{1}{n}\sum_{i=1}^{n}(x_i-\bar{x})^2 = m_2'.$$

由注 2,易知 $\sigma = \sqrt{\sigma^2}$ 的最大似然估计值为 $\hat{\sigma} = \sqrt{\dfrac{1}{n}\sum_{i=1}^{n}(x_i-\bar{x})^2} = \sqrt{m_2'}.$

3.2 估计量的评选标准

点估计实质上是选取合适的统计量做估计量的问题. 由 3.1 节可以看到,对于同一个未知参数及同一样本,由于构造方法的不同可有不同的估计量,从而有不同的估计值;自然我们会提出选用哪个估计量为好的问题,这就涉及估计量优良的评选标准问题. 我们的基本准则是,要求在多次观察中参数 θ 的估计值能保持在 θ 真值的附近左右微小摆动. 基于此准则,常用的评价标准有三条.

3.2.1 无偏性

要求估计量的取值以参数真值为中心左右摆动,这就是无偏性的要求. 它等同于要求估计量的数学期望等于待估参数的真值.

设 $(X_1, X_2, \cdots, X_n)$ 是总体 X 的一个样本,$\theta \in \Theta$ 是包含在总体 X 的分布中的待估参数,这里 Θ 是 θ 的取值范围.

定义 3.1 设 $\hat{\theta} = \hat{\theta}(X_1, X_2, \cdots, X_n)$ 是参数 θ 的估计量,若对任意 $\theta \in \Theta$,有
$$E(\hat{\theta}) = \theta,$$
则称 $\hat{\theta}$ 是 θ 的**无偏估计量**.

例 3.8 试证样本均值 $\overline{X}$ 和样本方差 S^2 分别是总体 X 的期望 μ 和方差 σ^2 的无偏估计量.

证 $E(\overline{X}) = E\left(\dfrac{1}{n}\sum_{i=1}^{n} X_i\right) = \dfrac{1}{n}\sum_{i=1}^{n} E(X_i) = \dfrac{1}{n} \cdot n\mu = \mu,$

$$E(S^2) = E\left(\frac{1}{n-1}\sum_{i=1}^{n}(X_i - \overline{X})^2\right) = \frac{1}{n-1}E\left(\sum_{i=1}^{n} X_i^2 - n\overline{X}^2\right)$$

$$= \frac{1}{n-1}\left[\sum_{i=1}^{n} E(X_i^2) - nE(\overline{X}^2)\right]$$

$$= \frac{1}{n-1}\{nE(X^2) - n[D(\overline{X}) + E^2(\overline{X})]\},$$

而

$$E(X^2) = D(X) + E^2(X) = \sigma^2 + \mu^2,$$

$$D(\overline{X}) = D\left(\frac{1}{n}\sum_{i=1}^{n} X_i\right) = \frac{1}{n^2}\sum_{i=1}^{n} D(X_i) = \frac{1}{n} \cdot D(X) = \frac{\sigma^2}{n}.$$

故 $E(S^2) = \dfrac{1}{n-1}\left[n(\sigma^2 + \mu^2) - n\left(\dfrac{\sigma^2}{n} + \mu^2\right)\right] = \sigma^2.$ 所以 $\overline{X}$ 与 S^2 分别是 μ 与 σ^2 的无偏估计量.

例 3.9 设 (X_1, X_2, X_3) 是取自总体 $N(\mu, \sigma^2)$ 的一个样本,试证

$$Y_1 = \frac{1}{3}(X_1 + X_2 + X_3), \quad Y_2 = \frac{1}{6}X_1 + \frac{1}{2}X_2 + \frac{1}{3}X_3$$

都是 μ 的无偏估计量.

证 因为 Y_1 为样本均值 $\overline{X}$,所以由例 3.8 知,Y_1 是 μ 的无偏估计量.

又 $E(Y_2) = \frac{1}{6}E(X_1) + \frac{1}{2}E(X_2) + \frac{1}{3}E(X_3) = \left(\frac{1}{6} + \frac{1}{2} + \frac{1}{3}\right) \cdot \mu = \mu$,所以 Y_2

也是 μ 的无偏估计量.

由例 3.9 知,同一个未知参数可以有多个不同的无偏估计量,在这些无偏估计量中,如何比较、选择更好的呢? 为此给出第二个评价点估计量优良的标准.

3.2.2 有效性

如果 $\hat{\theta}_1, \hat{\theta}_2$ 同为 θ 的无偏估计量,它们都以 θ 的真值为取值中心,这时它们的取值与其取值中心的偏离程度越小越好.

定义 3.2 设 $\hat{\theta}_1, \hat{\theta}_2$ 都是 θ 的无偏估计量,若对于任意 $\theta \in \Theta$,有
$$D(\hat{\theta}_1) < D(\hat{\theta}_2),$$
则称 $\hat{\boldsymbol{\theta}}_1$ **较 $\hat{\boldsymbol{\theta}}_2$ 有效**.

例如,设 $(X_1, X_2, \cdots, X_n)$ 为总体 X 的样本,则 $\overline{X} = \frac{1}{n}\sum_{i=1}^{n} X_i$ 与 $X_i (i = 1,$

$2, \cdots, n)$ 都是总体均值 μ 的无偏估计量;但 $D(\overline{X}) = \frac{\sigma^2}{n}$,而 $D(X_i) = \sigma^2 (i = 1, 2, \cdots,$

$n)$,可见随着 n 的增大,$\overline{X}$ 要较单一的 X_i 有效得多.

3.2.3 相合性

我们不仅希望一个估计量是无偏的且有较小的方差,还希望当样本容量无限增大时,估计量能在某种意义下任意接近未知参数的真值,这就是相合(一致)性的要求.

定义 3.3 设 $\hat{\theta}$ 是参数 θ 的估计量,若对于任意 $\theta \in \Theta$,当 $n \to \infty$ 时,$\hat{\theta}$ 依概率收敛于 θ,即任给 $\varepsilon > 0$,
$$\lim_{n \to \infty} P\{|\hat{\theta} - \theta| < \varepsilon\} = 1,$$
则称 $\hat{\theta}$ 是 θ 的**相合估计量**,也称为**一致估计量**.

例如,样本的 k 阶矩是总体 k 阶矩的相合估计量,样本方差 S^2 也是总体方差 σ^2 的相合估计量. 还可以证明,最大似然估计量在一定条件下也具有相合性.

以上衡量估计量的标准中,无偏性与有效性适用于样本容量 n 确定的情况,而相合性仅在样本容量较大时才适用.

3.3 区 间 估 计

点估计方法是用估计量 $\hat{\theta}$ 的一次观察值来估计未知参数 θ 的值,但再好的估计量,其一次取值与 θ 的真值也会有误差. 以 $\hat{\theta}$ 代替 θ,其精确度如何,可靠性怎样,点估计都没有明确表出. 实际中,往往不仅需要得到未知参数 θ 的估计值,还希望估计出未知参数 θ 的取值范围以及这个范围包含未知参数 θ 真值的可信程度. 这样的范围常以区间的形式给出,同时还给出此区间包含参数 θ 真值的概率,这种形式的估计称为**区间估计**,这样的区间即所谓的置信区间.

定义 3.4 设 θ 为总体 X 分布的未知参数,$(X_1, X_2, \cdots, X_n)$ 为 X 的样本,对给定的实数 $\alpha(0 < \alpha < 1)$,若存在统计量 $\underline{\theta} = \underline{\theta}(X_1, X_2, \cdots, X_n)$ 和 $\bar{\theta} = \bar{\theta}(X_1, X_2, \cdots, X_n)$ 满足

$$P\{\underline{\theta} < \theta < \bar{\theta}\} = 1 - \alpha, \tag{3-4}$$

则称区间 $(\underline{\theta}, \bar{\theta})$ 是 θ 的置信水平(置信度)为 $1 - \alpha$ 的**置信区间**,$\underline{\theta}$ 和 $\bar{\theta}$ 分别称为**置信下限**和**置信上限**,$1 - \alpha$ 称为**置信水平**或**置信度**.

注 1 置信区间 $(\underline{\theta}, \bar{\theta})$ 的上限、下限都是统计量,故置信区间 $(\underline{\theta}, \bar{\theta})$ 是一种随机区间,随着样本观测值的不同,随机区间 $(\underline{\theta}, \bar{\theta})$ 产生不同的具体区间. 式(3-4)的意义是,随机区间 $(\underline{\theta}, \bar{\theta})$ 包含 θ 真值的概率为 $1 - \alpha$,而不是 θ 的真值落在区间 $(\underline{\theta}, \bar{\theta})$ 内的概率为 $1 - \alpha$. 也就是说,在样本容量不变的情况下,反复抽样多次,每个样本值都确定一个区间 $(\underline{\theta}, \bar{\theta})$,每个这样的区间要么包含 θ 的真值,要么不包含 θ 的真值. 在这众多的区间中,包含 θ 真值的约占 $100(1 - \alpha)\%$,不包含 θ 真值的约占 $100\alpha\%$. 例如,若取 $\alpha = 0.05$,反复抽样 100 次,在所得的 100 个区间中包含 θ 真值的约占 95 个,不包含 θ 真值的仅约 5 个. 对每个样本值确定的具体区间而言,它属于包含 θ 真值的区间的置信概率为 95%,而不能说一个具体的区间以 95% 的概率包含 θ.

注 2 置信区间 $(\underline{\theta}, \bar{\theta})$ 是对未知参数 θ 的一种估计,若在包含 θ 的区间 $(\underline{\theta}, \bar{\theta})$ 中任取一点作为 θ 的估计值,其绝对误差不会超过区间 $(\underline{\theta}, \bar{\theta})$ 的长度,所以区间的长度刻画出了对未知参数的估计精度.

注 3 置信度与估计精度是一对矛盾,一般地,对于给定的 n,置信度 $1 - \alpha$ 越大,即置信区间 $(\underline{\theta}, \bar{\theta})$ 包含 θ 的真值的概率越大,这时置信区间 $(\underline{\theta}, \bar{\theta})$ 的长度就越大,从而对未知参数 θ 的估计精度就越低. 反之,对参数 θ 的估计精度越高,置信区间 $(\underline{\theta}, \bar{\theta})$ 的长度就越小,从而 $(\underline{\theta}, \bar{\theta})$ 包含 θ 真值的概率就越小,即置信度 $1 - \alpha$ 就越小. 一般准则是,在保证置信度的条件下尽可能提高估计精度.

例 3.10 设总体 $X \sim N(\mu, \sigma^2)$,σ^2 为已知,μ 未知,$(X_1, X_2, \cdots, X_n)$ 是取自 X

的样本,求 μ 的置信水平为 $1-\alpha$ 的置信区间.

解　由例 3.8 知 $\overline{X}$ 是 μ 的无偏估计,且由定理 2.1 知 $U=\dfrac{\overline{X}-\mu}{\sigma/\sqrt{n}}\sim N(0,1)$,这里 U 是样本 $(X_1,X_2,\cdots,X_n)$ 的函数,式中含有待估参数,且 U 所服从的分布 $N(0,1)$ 不依赖于任何未知参数.按标准正态分布的上 α 分位点的定义,有

$$P\left\{\left|\frac{\overline{X}-\mu}{\sigma/\sqrt{n}}\right|<z_{\alpha/2}\right\}=1-\alpha, \tag{3-5}$$

即

$$P\left\{\overline{X}-\frac{\sigma}{\sqrt{n}}z_{\alpha/2}<\mu<\overline{X}+\frac{\sigma}{\sqrt{n}}z_{\alpha/2}\right\}=1-\alpha. \tag{3-6}$$

由式(3-6)及置信区间的定义 3.4 得 μ 的置信水平为 $1-\alpha$ 的置信区间为

$$\left(\overline{X}-\frac{\sigma}{\sqrt{n}}z_{\alpha/2},\overline{X}+\frac{\sigma}{\sqrt{n}}z_{\alpha/2}\right). \tag{3-7}$$

这样的置信区间常写成 $\left(\overline{X}\pm\dfrac{\sigma}{\sqrt{n}}z_{\alpha/2}\right)$.

如果取 $\alpha=0.05$,又若 $\sigma=0.4,n=10$,查表可得 $z_{\alpha/2}=z_{0.025}=1.96$,就得到一个置信水平为 0.95 的置信区间

$$\left(\overline{X}\pm\frac{0.4}{\sqrt{10}}\times1.96\right), \tag{3-8}$$

即 $(\overline{X}\pm0.248)$.进一步,若由一个样本值算得样本均值的观察值为 $\bar{x}=4.62$,则得到一个区间 $(4.372,4.868)$,其含义是:若反复抽样多次,每个样本值 $(n=10)$ 按式 (3-8) 确定一个区间,在这么多的区间中,包含 μ 的约占 95%,不包含 μ 的约占 5%,现抽样得到区间 $(4.372,4.868)$,这说明 μ 的估计值在 4.372 与 4.868 之间,若以此区间内的任一值作为 μ 的近似值,其误差将不大于 $0.496(=4.868-4.372)$,这个误差的可信度为 95%.

又区间(3-7)的长度为

$$l=\frac{2\sigma}{\sqrt{n}}z_{\alpha/2}, \tag{3-9}$$

显然对于给定的 n,α 越小,即置信水平 $1-\alpha$ 越大,则 $z_{\alpha/2}$ 越大,从而置信区间的长度 l 就越大,于是对未知参数 μ 的估计精度就越低.

另外由式(3-9)还可得出,对于给定的 α,区间长度 l 随 n 的增大而减小,即估计精度随样本容量 n 的增大而增大.

还要值得注意的是,同一置信水平下的置信区间并不唯一,以例题 3.10 来说,若给定 $\alpha=0.05$,则也有

$$P\left\{-z_{0.04}<\frac{\overline{X}-\mu}{\sigma/\sqrt{n}}<z_{0.01}\right\}=0.95,$$

即

$$P\left\{\overline{X}-\frac{\sigma}{\sqrt{n}}z_{0.01}<\mu<\overline{X}+\frac{\sigma}{\sqrt{n}}z_{0.04}\right\}=0.95,$$

故

$$\left[\overline{X}-\frac{\sigma}{\sqrt{n}}z_{0.01},\overline{X}+\frac{\sigma}{\sqrt{n}}z_{0.04}\right] \tag{3-10}$$

也是 μ 的置信水平为 0.95 的置信区间,而此置信区间的长度为 $\frac{\sigma}{\sqrt{n}}(z_{0.04}+z_{0.01})=$

$4.08 \cdot \frac{\sigma}{\sqrt{n}}$,这一长度要比式(3-7)所确定的(置信水平为 0.95)置信区间的长度

$2 \cdot \frac{\sigma}{\sqrt{n}} \cdot z_{0.025}=3.92 \cdot \frac{\sigma}{\sqrt{n}}$ 长. 说明式(3-7)所确定的置信区间要比式(3-10)确定的

置信区间来估计 μ 时精度高,即区间(3-7)较区间(3-10)要优. 一般地,像 $N(0,1)$ 分布那样其概率密度的图形是单峰且对称的情况,当样本容量 n 固定时,式(3-7)所确定的置信区间是置信水平为 $1-\alpha$ 的所有置信区间中长度最短的,因此自然用它作为 u 的置信水平为 $1-\alpha$ 的置信区间.

由例 3.10 可得求未知参数 θ 的置信区间的一般步骤如下:

(1) 寻求一个仅包含未知参数 θ(而不含其他未知参数)的样本 $(X_1,X_2,\cdots,X_n)$ 的函数 $W=W(X_1,X_2,\cdots,X_n;\theta)$,使 W 的分布不依赖于 θ 以及其他未知参数,具有这种性质的样本函数 W 称为**枢轴量**,应明确写出 W 的分布.

(2) 对于给定的置信水平 $1-\alpha$,按照等式 $P\{a<W<b\}=1-\alpha$,由 W 的分布及概率 $1-\alpha$,确定 a,b.

(3) 解不等式 $a<W<b$,得 $\underline{\theta}<\theta<\overline{\theta}$,则 $(\underline{\theta},\overline{\theta})$ 就是所求置信区间.

从例 3.10 的分析可知,上述步骤中,构造枢轴量是进行区间估计的关键. 下面着重介绍正态总体参数的区间估计,本节最后简介大样本总体的参数估计.

3.3.1 正态总体参数的区间估计

对于正态总体参数的区间估计,依据定理 2.1 和定理 2.2 较容易得到我们需要的枢轴量,进而求出置信区间.

1. 单一正态总体

设 $(X_1,X_2,\cdots,X_n)$ 为取自总体 $X\sim N(\mu,\sigma^2)$ 的样本,$\overline{X},S^2$ 分别是其样本均值

和样本方差.

情形 1 σ^2 已知,估计 μ.

由定理 2.1 的式(2-16)知,枢轴量

$$\frac{\overline{X}-\mu}{\sigma/\sqrt{n}} \sim N(0,1). \tag{3-11}$$

情形 2 σ^2 未知,估计 μ.

由定理 2.1 的式(2-18)知,枢轴量

$$\frac{\overline{X}-\mu}{S/\sqrt{n}} \sim t(n-1). \tag{3-12}$$

情形 3 估计 σ^2.

不论 μ 是否已知,由定理 2.1 的式(2-17)知,枢轴量

$$\frac{(n-1)S^2}{\sigma^2} \sim \chi^2(n-1). \tag{3-13}$$

2. 两正态总体

设 $(X_1, X_2, \cdots, X_{n_1})$ 为取自总体 $X \sim N(\mu_1, \sigma_1^2)$ 的样本,$\overline{X}, S_1^2$ 分别是其样本均值和样本方差,$(Y_1, Y_2, \cdots, Y_{n_2})$ 是取自总体 $Y \sim N(\mu_2, \sigma_2^2)$ 的样本,$\overline{Y}, S_2^2$ 分别是其样本均值和样本方差.两个样本 $(X_1, X_2, \cdots, X_{n_1})$,$(Y_1, Y_2, \cdots, Y_{n_2})$ 相互独立.

情形 1 σ_1^2, σ_2^2 都已知,估计 $\mu_1 - \mu_2$.

由定理 2.2 的式(2-19)知,枢轴量

$$\frac{(\overline{X}-\overline{Y})-(\mu_1-\mu_2)}{\sqrt{\dfrac{\sigma_1^2}{n_1}+\dfrac{\sigma_2^2}{n_2}}} \sim N(0,1). \tag{3-14}$$

情形 2 σ_1^2, σ_2^2 都未知,但 $\sigma_1^2 = \sigma_2^2$,估计 $\mu_1 - \mu_2$.

由定理 2.2 的式(2-21)知,枢轴量

$$\frac{(\overline{X}-\overline{Y})-(\mu_1-\mu_2)}{S_\varpi\sqrt{\dfrac{1}{n_1}+\dfrac{1}{n_2}}} \sim t(n_1+n_2-2), \tag{3-15}$$

其中 $S_\varpi^2 = \dfrac{(n_1-1)S_1^2+(n_2-1)S_2^2}{n_1+n_2-2}$.

情形 3 σ_1^2, σ_2^2 都未知,估计 $\mu_1 - \mu_2$.

可以证明

$$\frac{(\overline{X}-\overline{Y})-(\mu_1-\mu_2)}{\sqrt{\dfrac{S_1^2}{n_1}+\dfrac{S_2^2}{n_2}}} \overset{\text{近似}}{\sim} t(l), \tag{3-16}$$

其中 $l=\dfrac{\left(\dfrac{S_1^2}{n_1}+\dfrac{S_2^2}{n_2}\right)^2}{\dfrac{1}{n_1-1}\left(\dfrac{S_1^2}{n_1}\right)^2+\dfrac{1}{n_2-1}\left(\dfrac{S_2^2}{n_2}\right)^2}$,使用时,为方便计将自由度取为与 l 最接近的

整数 $[l]$.

特别地,当 n_1,n_2 都充分大时,也有

$$\frac{(\overline{X}-\overline{Y})-(\mu_1-\mu_2)}{\sqrt{\dfrac{S_1^2}{n_1}+\dfrac{S_2^2}{n_2}}}\overset{\text{近似}}{\sim}N(0,1). \tag{3-17}$$

情形 4 估计 σ_1^2/σ_2^2.

由定理 2.2 的式(2-20)知,枢轴量

$$\frac{S_1^2/S_2^2}{\sigma_1^2/\sigma_2^2}\sim F(n_1-1,n_2-1). \tag{3-18}$$

例 3.11 某车间生产滚珠,从长期实践中知道,滚珠直径 X 服从正态分布,现从某天生产的产品中随机抽取 6 个,测得它们的直径(单位:mm)如下:

  3.46 3.51 3.49 3.48 3.52 3.51

试以 95% 的置信水平估计该天产品的平均直径的范围.

解 由样本值计算可得 $\bar{x}=3.495,s=0.0226$,因单一总体 X 的方差未知,由

$$U=\frac{\overline{X}-\mu}{S/\sqrt{n}}\sim t(n-1),$$

$n=6,\alpha=0.05$ 得

$$P\left\{-t_{\frac{0.05}{2}}(5)<\frac{\overline{X}-\mu}{S/\sqrt{n}}<t_{\frac{0.05}{2}}(5)\right\}=0.95,$$

即

$$P\left\{\overline{X}-\frac{S}{\sqrt{6}}t_{0.025}(5)<\mu<\overline{X}+\frac{S}{\sqrt{6}}t_{0.025}(5)\right\}=0.95.$$

查表得 $t_{0.025}(5)=2.5706$,代入样本值,得 μ 的 95% 的置信区间为(3.4713, 3.5187),即该天生产的滚珠的平均直径估计在 3.4713mm 与 3.5187mm 之间,这个估计的可信度为 95%,若以此区间内的任一值作为 μ 的近似值,其误差不大于 $\dfrac{2\times 2.5706\times 0.0226}{\sqrt{6}}=0.0474$.

例 3.12 为试验某种肥料对提高水稻产量(单位:kg)的影响,在条件相同的地域中选定相同面积的小试验田若干块.试验结果表明,施加该种肥料的 8 块试验田产量分别为

  12.6 10.2 11.7 12.3 11.1 10.5 10.6 12.2

另外 10 块未施肥的试验田产量分别为

$$8.6 \quad 7.9 \quad 9.3 \quad 10.7 \quad 11.2 \quad 11.4 \quad 9.8 \quad 9.5 \quad 10.1 \quad 8.5$$

假设两总体都服从正态分布,且方差相等.试以 95% 的可靠性估计施肥后水稻产量提高多少?

解 把施过肥的水稻产量作为总体 X,计算得其样本均值 $\bar{x}=11.4$,样本方差 $s_1^2=0.851$,$n_1=8$;把未施过肥的水稻产量作为总体 Y,计算得其样本均值 $\bar{y}=9.7$,样本方差 $s_2^2=1.378$,$n_2=10$.

因两总体的方差未知但相等,欲求两总体的均值差 $\mu_1-\mu_2$ 的 95% 的置信区间,由

$$\frac{(\bar{X}-\bar{Y})-(\mu_1-\mu_2)}{S_\varpi\sqrt{\dfrac{1}{n_1}+\dfrac{1}{n_2}}}\sim t(n_1+n_2-2),$$

得

$$P\left\{-t_{0.025}(16)<\frac{(\bar{X}-\bar{Y})-(\mu_1-\mu_2)}{S_\varpi\sqrt{\dfrac{1}{n_1}+\dfrac{1}{n_2}}}<t_{0.025}(16)\right\}=0.95,$$

即

$$P\left\{(\bar{X}-\bar{Y})-S_\varpi\sqrt{\frac{1}{n_1}+\frac{1}{n_2}}t_{0.025}(16)<\mu_1-\mu_2<(\bar{X}-\bar{Y})+S_\varpi\sqrt{\frac{1}{n_1}+\frac{1}{n_2}}t_{0.025}(16)\right\}=0.95.$$

查表得 $t_{0.025}(16)=2.12$,代入样本值得

$$S_\varpi=\sqrt{\frac{(8-1)\times 0.85+(10-1)\times 1.378}{8+10-2}}=1.07,$$

所以 $\mu_1-\mu_2$ 的 95% 的置信区间为 $(0.6,2.8)$.

也就是说,施肥后比施肥前每块试验田水稻产量要提高 $0.6\sim 2.8$kg,而作这种估计的可靠性为 95%.

需要注意的是,在对所得的两总体均值差 $\mu_1-\mu_2$ 的置信区间作判断时,如果 $\mu_1-\mu_2$ 的置信下限大于零,则可认为 $\mu_1>\mu_2$;如果 $\mu_1-\mu_2$ 的置信上限小于零,则可认为 $\mu_1<\mu_2$. 否则,不能从这次试验中判断哪个总体的均值大.

例 3.13 一植物学家研究某种药品对豌豆茎生长的影响,测得在两种不同的规定条件 A,B 下,在同一时间段内豌豆茎增长的尺寸(mm)如下:

样本 A	0.8 1.0 0.9 0.1 1.4 0.9 1.0 1.7 1.2 0.5 1.8
样本 B	1.1 2.6 1.8 0.8 1.4 1.9 2.0 1.0 1.3 1.2 2.4 2.5 1.6

经检验可认为两样本分别来自正态总体 $N(\mu_1,\sigma_1^2),N(\mu_2,\sigma_2^2)$,其中 $\mu_1,\mu_2,\sigma_1^2,\sigma_2^2$ 均

未知,试求方差比 σ_1^2/σ_2^2 的置信水平为 0.90 的置信区间.

解 由样本值计算可得 $s_1^2=0.24, s_2^2=0.35$. 由

$$\frac{S_1^2/S_2^2}{\sigma_1^2/\sigma_2^2}\sim F(n_1-1,n_2-1),$$

$n_1=11, n_2=13, \alpha=0.1$, 得

$$P\left\{F_{0.95}(10,12)<\frac{S_1^2/S_2^2}{\sigma_1^2/\sigma_2^2}<F_{0.05}(10,12)\right\}=0.9,$$

即

$$P\left\{\frac{S_1^2/S_2^2}{F_{0.05}(10,12)}<\frac{\sigma_1^2}{\sigma_2^2}<\frac{S_1^2/S_2^2}{F_{0.95}(10,12)}\right\}=0.9.$$

所以 σ_1^2/σ_2^2 的置信水平为 0.90 的置信区间为

$$\left(\frac{S_1^2/S_2^2}{F_{0.05}(10.12)},\frac{S_1^2/S_2^2}{F_{0.95}(10.12)}\right).$$

查表得 $F_{0.95}(10,12)=\dfrac{1}{F_{0.05}(12,10)}=\dfrac{1}{2.91}, F_{0.05}(10,12)=2.75$, 并代入样本值,

得所求的 σ_1^2/σ_2^2 置信水平为 0.90 的置信区间为

$$\left(\frac{0.24}{0.35}\cdot\frac{1}{2.75},\frac{0.24}{0.35}\cdot 2.91\right)=(0.249,1.995).$$

由于 σ_1^2/σ_2^2 的置信区间包含 1,可以认为 σ_1^2 与 σ_2^2 没有显著差异.

注 若所得 σ_1^2/σ_2^2 的置信上限小于 1,则可说明总体 $N(\mu_1,\sigma_1^2)$ 的波动性较总体 $N(\mu_2,\sigma_2^2)$ 的波动性小;若所得 σ_1^2/σ_2^2 的置信下限大于 1,则可说明总体 $N(\mu_1,\sigma_1^2)$ 的波动性较总体 $N(\mu_2,\sigma_2^2)$ 的波动性大;若 σ_1^2/σ_2^2 的置信区间包含 1,则说明两正态总体的波动性没有显著差异.

例 3.14 某地为了研究农业家庭与非农业家庭的人口状况,独立、随机地调查了 50 户农业居民和 60 户非农业居民,经计算知农业居民家庭平均每户 4.5 人,标准差 1.8 人;非农业居民家庭平均每户 3.75 人,标准差 2.1 人. 已知农业家庭人口 X 分布与非农业家庭人口 Y 分布分别服从 $N(\mu_1,\sigma_1^2), N(\mu_2,\sigma_2^2)$. 试求 $\mu_1-\mu_2$ 的置信水平为 0.99 的置信区间.

解 由于 σ_1^2, σ_2^2 未知,且不知是否相等,但 $n_1=50, n_2=60$ 均较大,故取枢轴量为

$$U=\frac{(\overline{X}-\overline{Y})-(\mu_1-\mu_2)}{\sqrt{\dfrac{S_1^2}{n_1}+\dfrac{S_2^2}{n_2}}},$$

它近似服从标准正态分布 $N(0,1)$,于是近似地有

$$P\left\{-z_{\alpha/2}<\frac{(\overline{X}-\overline{Y})-(\mu_1-\mu_2)}{\sqrt{\dfrac{S_1^2}{n_1}+\dfrac{S_2^2}{n_2}}}<z_{\alpha/2}\right\}=0.99.$$

由此式可得 $\mu_1-\mu_2$ 的置信区间为

$$\left((\overline{X}-\overline{Y})-\sqrt{\frac{S_1^2}{n_1}+\frac{S_2^2}{n_2}}\,z_{\alpha/2},\ (\overline{X}-\overline{Y})+\sqrt{\frac{S_1^2}{n_1}+\frac{S_2^2}{n_2}}\,z_{\alpha/2}\right),$$

将 $n_1=50,n_2=60,\overline{x}=4.5,s_1^2=1.8^2,\overline{y}=3.75,s_2^2=2.1^2,z_{\alpha/2}=z_{0.005}=2.575$ 代入得 $\mu_1-\mu_2$ 的置信水平为 0.99 的置信区间为 $(-0.2076,1.7076)$,说明该地区农业居民与非农业居民的平均每户人口无显著差别.

3.3.2　大样本总体参数的区间估计

设总体 X 的期望 μ,均方差 σ 存在且有限,$(X_1,X_2,\cdots,X_n)$ 是来自总体 X 的大样本($n\geqslant50$),由中心极限定理知,随机变量

$$Y_n=\frac{\overline{X}-\mu}{\sigma/\sqrt{n}}$$

近似服从标准正态分布. 当 μ,σ 是总体 X 分布中的某一参数 λ 的函数 $\mu(\lambda),\sigma(\lambda)$ 时,由

$$P\left\{-z_{\alpha/2}<\frac{\overline{X}-\mu(\lambda)}{\sigma(\lambda)/\sqrt{n}}<z_{\alpha/2}\right\}=1-\alpha \tag{3-19}$$

可求得参数 λ 的置信水平为 $1-\alpha$ 的置信区间.

1. (0-1)分布参数的区间估计

设总体 X 服从(0-1)分布,分布律为

$$P\{X=k\}=p^k(1-p)^{1-k},\quad k=0,1,0<p<1,$$

其中 p 为未知参数,则 X 的期望和方差分别为

$$\mu=p,\quad \sigma^2=p(1-p).$$

$(X_1,X_2,\cdots,X_n)$ 是来自(0-1)总体 X 的大样本($n\geqslant50$),由式(3-19)得

$$P\left\{-z_{\alpha/2}<\frac{n\overline{X}-np}{\sqrt{np(1-p)}}<z_{\alpha/2}\right\}=1-\alpha, \tag{3-20}$$

而不等式

$$-z_{\alpha/2}<\frac{n\overline{X}-np}{\sqrt{np(1-p)}}<z_{\alpha/2}$$

等价于

$$(n+z_{\alpha/2}^2)p^2-(2n\overline{X}+z_{\alpha/2}^2)p+n\overline{X}^2<0.$$

解此不等式可得 p 的置信水平为 $1-\alpha$ 的置信区间为

$$\left(\frac{1}{2a}(-b-\sqrt{b^2-4ac}),\frac{1}{2a}(-b+\sqrt{b^2-4ac})\right),\qquad(3\text{-}21)$$

其中 $a=n+z_{\alpha/2}^2,b=-(2n\overline{X}+z_{\alpha/2}^2),c=n\overline{X}^2$.

例 3.15　在某电视节目收视率调查中,调查了 500 人,其中有 200 人收看了该电视节目,试求该节目收视率 p 的置信水平为 0.95 的置信区间.

解　在本例中,$n=500,\overline{x}=200/500=0.4,1-\alpha=0.95,\alpha/2=0.025$,查表可得 $z_{\alpha/2}=1.96$,从而 $a=n+z_{\alpha/2}^2=500+1.96^2=503.84,b=-(2n\overline{x}+z_{\alpha/2}^2)=-(2\times500\times0.4+1.96^2)=-403.84,c=n\overline{x}^2=500\times0.4^2=80$.代入式(3-21)得收视率 p 的置信水平为 0.95 的置信区间为 $(0.36,0.44)$.

2. 泊松分布参数的区间估计

设总体 X 服从泊松分布,分布律为

$$P\{X=k\}=\frac{\lambda^k\mathrm{e}^{-\lambda}}{k!},\quad k=0,1,2,\cdots,\lambda>0,$$

其中 λ 为未知参数,则 X 的期望 μ 和方差 σ^2 均为 λ,$(X_1,X_2,\cdots,X_n)$ 是来自总体 X 的大样本,由式(3-19)得

$$P\left\{-z_{\alpha/2}<\frac{\overline{X}-\lambda}{\sqrt{\lambda}/\sqrt{n}}<z_{\alpha/2}\right\}=1-\alpha,$$

即

$$P\{n\lambda^2-(2n\overline{X}+z_{\alpha/2}^2)\lambda+n\overline{X}^2<0\}=1-\alpha,$$

所以参数 λ 的置信水平为 $1-\alpha$ 的置信区间为

$$\left(\frac{1}{2n}(2n\overline{X}+z_{\alpha/2}^2-\sqrt{(2n\overline{X}+z_{\alpha/2}^2)^2-4n^2\overline{X}^2}),\right.$$
$$\left.\frac{1}{2n}(2n\overline{X}+z_{\alpha/2}^2+\sqrt{(2n\overline{X}+z_{\alpha/2}^2)^2-4n^2\overline{X}^2})\right).$$

习　题　3

1. 设 $(X_1,X_2,\cdots,X_n)$ 是取自总体 X 的一个样本,$(x_1,x_2,\cdots,x_n)$ 是对应的样本值,求下列各题总体分布中的未知参数的矩估计量和矩估计值.

(1) $P\{X=x\}=\mathrm{C}_m^x p^x(1-p)^{m-x},x=0,1,2,\cdots,m$,其中 $0<p<1,p$ 为未知参数;

(2) $P\{X=x\}=\dfrac{\lambda^x\mathrm{e}^{-\lambda}}{x!},x=0,1,2,\cdots$,其中 $\lambda>0,\lambda$ 为未知参数;

(3) $f(x)=\begin{cases}\theta x^{\theta-1}, & 0<x<1,\\ 0, & \text{其他},\end{cases}$ 其中 $\theta>0$ 为未知参数;

(4) $f(x)=\begin{cases}\theta c^\theta x^{-(\theta+1)}, & x>c,\\ 0, & \text{其他},\end{cases}$ 其中 $c>0$ 为已知,$\theta>1,\theta$ 为未知参数.

2. 设$(X_1,X_2,\cdots,X_n)$是来自服从区间$[a,b]$上的均匀分布的总体X的一个样本,求a和b的矩估计量.

3. 灯泡厂生产的某种灯泡的寿命$X\sim N(\mu,\sigma^2)$,现从中抽取 10 个灯泡进行寿命检验,测得数据(单位:h)如下:

$$1200\quad 1080\quad 1050\quad 1120\quad 1100\quad 1250\quad 1200\quad 1130\quad 1300\quad 1400$$

试用矩估计法估计总体的均值μ与方差σ^2.

4. 设总体X具有分布律

X	1	2	3
p_k	θ^2	$2\theta(1-\theta)$	$(1-\theta)^2$

其中$\theta(0<\theta<1)$为未知参数,$(3,1,2,1,3,1)$是取自该总体X的一个样本值,求θ的矩估计值和最大似然估计值.

5. 求第 1 题中各小题未知参数的最大似然估计量.

6^*. 求第 2 题中未知参数a,b的最大似然估计量.

7. 设$(X_1,X_2,\cdots,X_n)$是来自总体X的一个样本,$(x_1,x_2,\cdots,x_n)$是对应的样本值.

(1) 若$X\sim P(\lambda)$,λ未知,求$P\{X=0\}$的最大似然估计值;

(2) 若$X\sim N(\mu,1)$,μ未知,求$\theta=P\{X>2\}$的最大似然估计值.

8. 设总体X的概率密度为

$$f(x;\theta)=\begin{cases}\dfrac{1}{\theta}x^{(1-\theta)/\theta}, & 0<x<1, \\ 0, & \text{其他},\end{cases} \quad 0<\theta<\infty,$$

$(X_1,X_2,\cdots,X_n)$是来自总体X的样本.

(1) 验证θ的最大似然估计量是$\hat{\theta}=-\dfrac{1}{n}\displaystyle\sum_{i=1}^{n}\ln X_i$;

(2) 证明$\hat{\theta}$是θ的无偏估计.

9. 设(X_1,X_2,X_3,X_4)是来自总体X的一个样本,且$E(X)=\mu$,$D(X)=\sigma^2$. 又设有估计量

$$Y_1=\frac{1}{6}(X_1+X_2)+\frac{1}{3}(X_3+X_4),$$

$$Y_2=\frac{1}{4}(X_1+2X_2+X_3+4X_4),$$

$$Y_3=\frac{1}{5}(X_1+X_2+2X_3+X_4).$$

(1) 指出Y_1,Y_2,Y_3中哪几个是μ的无偏估计量;

(2) 在上述μ的无偏估计中指出哪一个较为有效.

10. 对某校 50 名大学生的午餐费进行调查,得样本均值为 4.10 元,假设总体服从正态分布,且总体的标准差为 1.85 元,试求总体均值(即该校大学生的平均午餐费)的置信水平为 0.95 的置信区间.

11. 某行业职工的月收入$X\sim N(\mu,\sigma^2)$,现随机抽取 30 名职工进行调查,求得他们的月收入的平均值$\bar{x}=986.20$元,标准差$s=136.10$元,试求:

　　(1) μ 的置信水平为 0.99 的置信区间;

　　(2) σ 的置信水平为 0.99 的置信区间.

　　12. 某车间生产自行车中所用小钢球,从长期生产实践中得知钢球直径 $X \sim N(\mu, \sigma^2)$,现从某批产品中随机抽取 6 件,测得它们的直径(单位:mm)为

$$14.6 \quad 15.1 \quad 14.9 \quad 14.8 \quad 15.2 \quad 15.1$$

取置信水平为 0.95.

　　(1) 若 $\sigma^2 = 0.06$,求 μ 的置信区间;

　　(2) 若 σ^2 未知,求 μ 的置信区间;

　　(3) 求方差 σ^2 的置信区间.

　　13. 对两种硅片的含碳量(1×10^{-6})分别进行了 5 次测试,结果如下:

$$硅片\ A: \quad 1.10 \quad 1.15 \quad 1.16 \quad 1.10 \quad 1.14$$
$$硅片\ B: \quad 1.20 \quad 1.18 \quad 1.16 \quad 1.14 \quad 1.15$$

设两样本依次来自总体 $N(\mu_1, 0.03^2), N(\mu_2, 0.02^2)$,$\mu_1$ 和 μ_2 均未知,两样本相互独立,求均值差 $\mu_1 - \mu_2$ 的置信水平为 0.99 的置信区间.

　　14. 为比较两种型号步枪子弹的枪口速度,随机地取甲型子弹 10 发,乙型子弹 20 发,得到以下数据:

	甲型子弹	乙型子弹
枪口平均速度/(m/s)	500	496
枪口标准差/(m/s)	1.10	1.20

设两总体近似服从正态分布且方差相等,两样本独立,求两总体均值差 $\mu_1 - \mu_2$ 的置信水平为 0.95 的置信区间.

　　15. 牙科使用树脂基复合材料,用两种方法分别制备了 15 个样品,测量样品的平均表面强度(N/mm²),得到其标准差分别为 $s_A = 10.6, s_B = 6.1$.设两总体服从正态分布,且两样本独立.求方差比 σ_A^2 / σ_B^2 的置信水平为 0.98 的置信区间.

　　16. 现从一大批产品中随机抽检 80 件,发现其中有 8 件废品,求这批产品的废品率 p 的置信水平为 0.95 的置信区间.

　　17. 某商场每天销售某商品的数量 X 服从参数为 λ 的泊松分布,现随机抽取销售该商品的 90 天记录情况,算得平均每天销售量为 4.2 件,求参数 λ 的置信水平为 0.9 的置信区间.

第4章 假设检验

统计推断的另一类重要问题是假设检验问题. 在总体的分布函数类型已知但参数未知或分布函数完全未知的情况下,为了推断总体的某些未知特性,需要提出某些关于总体的假设,然后根据样本所提供的信息去检验所作的假设是否合理. 经检验后,若假设合理,就接受这个假设,否则就拒绝这个假设. 这种首先提出假设,然后由样本信息来决策是否接受假设的过程称为假设检验.

4.1 假设检验概述

假设检验可分为参数检验和非参数检验两大类. 如果假设是对总体参数提出的,则称为参数假设检验,否则称为非参数假设检验. 不论哪种假设检验,其进行检验的基本思想都是一致的. 下面通过例子来说明假设检验的基本思想.

例 4.1 某水泥厂包装车间用一台包装机包装水泥. 袋装水泥的净重 X 是一个随机变量,它服从正态分布 $N(\mu,\sigma^2)$. 当机器工作正常时,其均值为 50kg,标准差为 0.75kg. 某日开工后为检验包装机工作是否正常,随机抽取它所包装的水泥 9 袋,称得净重量(单位:kg)为

   48.95 52.45 51.62 49.36 48.95 52.08 51.15 50.75 49.58

问该包装机的工作是否正常?

由长期实践知,该总体的标准差 σ 比较稳定,于是可认为 $X\sim N(\mu,0.75^2)$. 现在的问题是如何依据样本所提供的信息来判断 $\mu=50$ 还是 $\mu\neq50$. 为此我们提出两个对立的假设:

$$H_0:\mu=\mu_0=50,\quad H_1:\mu\neq\mu_0. \tag{4-1}$$

通常称 H_0 为**原假设**或**零假设**,H_1 称为**备择假设**. 这样问题转化为检验原假设 H_0 是否为真,若 H_0 为真(即接受 H_0),则认为包装机工作正常;若 H_0 为假(即拒绝 H_0,接受 H_1),则认为包装机工作不正常.

由于要检验的假设涉及总体的均值 μ,故首先想到可否借助样本均值 $\overline{X}$ 这一统计量来进行检验. 因为 $\overline{X}$ 是总体均值 μ 的无偏估计,故当 H_0 为真时,$\overline{X}$ 的观察值 $\overline{x}$ 应落在 μ_0 的附近,偏差 $|\overline{x}-\mu_0|$ 应较小,若 $|\overline{x}-\mu_0|$ 较大,就应当怀疑 H_0 的准确性而拒绝 H_0. 当 H_0 为真时,统计量

$$U=\frac{\overline{X}-\mu}{\sigma/\sqrt{n}}=\frac{\overline{X}-\mu_0}{\sigma/\sqrt{n}}\sim N(0,1), \tag{4-2}$$

而衡量 $|\bar{x}-\mu_0|$ 的大小,可归结为衡量 $|u|=\dfrac{|\bar{x}-\mu_0|}{\sigma/\sqrt{n}}$ 的大小. 基于上面的想法,可适当选取一正数 k,使当观测值 $\bar{x}$ 满足 $|\mu|\geqslant k$ 时拒绝原假设 H_0,接受 H_1;反之若 $|\mu|<k$ 就接受 H_0,拒绝 H_1. 把区域 $C=\left\{u\,\Big|\,|u|=\dfrac{|\bar{x}-\mu_0|}{\sigma/\sqrt{n}}\geqslant k\right\}$ 称为 H_0 的**拒绝域**,C 的补集 $\bar{C}$ 称为 H_0 的**接受域**,拒绝域与接受域的分界点 k 称为**临界值点**. 于是确定假设检验法则的过程就是寻找拒绝域,即寻找临界值点的过程. 如何选择 k 呢?

不论 k 如何选择,我们作出推断的依据是样本提供的信息,由于样本的随机性和局限性,不可避免地会导致犯下列两类错误:

(1) 当原假设 H_0 事实上是真的时,由于统计量 U 的观察值 u 落入拒绝域中,而导致拒绝了 H_0,这一类错误称为**第一类错误**或称为**"弃真"**错误,记犯第一类错误的概率为 α,即

$$P\{拒绝\ H_0\,|\,H_0\ 为真\}=\alpha. \tag{4-3}$$

(2) 当原假设 H_0 事实上是假的时,由于统计量 U 的观察值 u 落入接受域中,而导致接受了 H_0,这一类错误称为**第二类错误**或称为**"纳伪"**错误,记犯第二类错误的概率为 β,即

$$P\{接受\ H_0\,|\,H_0\ 为假\}=\beta. \tag{4-4}$$

理想的状况是在选择 k 时,应使犯两类错误的概率都越小越好. 然而当样本容量 n 固定时,不论 k 如何选取,犯两类错误的概率 α,β 不可能同时减小. 即 α 减小,β 就会增大,反之亦然. 若要想使 α,β 同时减小,只有增大样本容量,而这在实际工作中又常常很难做到;因此作检验时,通常的原则是只控制犯第一类错误的概率 α 在适当小的范围内(如取 α 为 $0.01,0.05$ 等),而不考虑犯第二类错误的概率 β,这样的检验称为**显著性检验**,"弃真"错误的概率称为**显著性检验水平**,简称**显著性水平**或**水平**.

在本例中,式 $P\{拒绝\ H_0\,|\,H_0\ 为真\}=\alpha$ 等价于 $P\left\{\dfrac{|\bar{X}-\mu_0|}{\sigma/\sqrt{n}}\geqslant k\right\}=\alpha$,由于 $U=\dfrac{\bar{X}-\mu_0}{\sigma/\sqrt{n}}\sim N(0,1)$,由标准正态分布上 α 分位点的定义易知 $k=z_{\alpha/2}$(图 4-1). 因而,若 U 的观察值 u 满足 $|u|=\dfrac{|\bar{x}-\mu_0|}{\sigma/\sqrt{n}}\geqslant k=z_{\alpha/2}$,

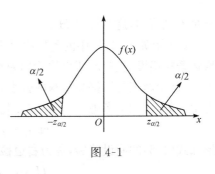

图 4-1

则拒绝 H_0;而若 $|u| = \dfrac{|\bar{x} - \mu_0|}{\sigma/\sqrt{n}} < k = z_{\alpha/2}$,则接受 H_0.

在本例中若取 $\alpha = 0.05$,则有 $k = z_{0.05/2} = 1.96$,又已知 $n = 9$,$\sigma = 0.75$,再由样本算得 $\bar{x} = 50.57$,从而 $|u| = \dfrac{|50.57 - 50|}{0.75/\sqrt{9}} = 2.28 > 1.96$,于是拒绝 H_0,认为该日包装机的工作不正常.

几点说明:

(1) 例 4.1 中所采用的检验法的原则是只控制犯"弃真"错误的概率适量的小,而不专门考虑"纳伪"错误的概率,检验法的原理是小概率事件原理即实际推断原理. 因通常 α 总是取 0.01、0.05 等较小的数,在假定 H_0 为真的前提下,事件 $\left\{ \dfrac{|\bar{X} - \mu_0|}{\sigma/\sqrt{n}} \geqslant z_{\alpha/2} \right\}$ 是一个小概率事件,根据实际推断原理,在一次试验得到的观测值 $\bar{x}$ 满足不等式 $\dfrac{|\bar{x} - \mu_0|}{\sigma/\sqrt{n}} \geqslant z_{\alpha/2}$ 几乎是不会发生的. 现在在一次观察中竟然出现了满足 $\dfrac{|\bar{x} - \mu_0|}{\sigma/\sqrt{n}} \geqslant z_{\alpha/2}$ 的 $\bar{x}$,这与实际推断原理相悖,则我们有理由怀疑原来的假设 H_0 的正确性,因而拒绝 H_0. 若出现的观察值 $\bar{x}$ 满足 $\dfrac{|\bar{x} - \mu_0|}{\sigma/\sqrt{n}} < z_{\alpha/2}$,此时没有理由拒绝假设 H_0,因此只能接受假设 H_0.

(2) 当样本容量 n 固定时,选定 α 后,临界值点 k 就可以确定了;然后按照统计量 $U = \dfrac{\bar{X} - \mu_0}{\sigma/\sqrt{n}}$ 的观察值的绝对值 $|u|$ 大于 k 还是小于 k 来作出决策. k 是检验上述假设的一个门槛值,称为临界值,而统计量 U 称为**检验统计量**. 如果 $|u| = \dfrac{|\bar{x} - \mu_0|}{\sigma/\sqrt{n}} \geqslant k$,则称 $\bar{x}$ 与 μ_0 的差异是显著的,这时拒绝 H_0;反之,则称 $\bar{x}$ 与 μ_0 的差异是不显著的,这时接受 H_0.

(3) 形如式(4-1)中的备择假设 H_1,表示 μ 可能大于 μ_0,也可能小于 μ_0,称为**双边备择假设**,相应的假设检验称为**双边检验**. 有时,我们只关心总体均值是否增大,如试验新工艺以提高材料的强度,如果能判断在新工艺下总体的均值较以往正常生产的大,则可考虑采用新工艺. 此时,需要检验假设

$$H_0 : \mu \leqslant \mu_0, \quad H_1 : \mu > \mu_0. \tag{4-5}$$

形如式(4-5)的假设检验,称为**右边检验**. 类似地,形如

$$H_0 : \mu \geqslant \mu_0, \quad H_1 : \mu < \mu_0 \tag{4-6}$$

的假设检验,称为**左边检验**. 右边检验和左边检验统称为**单边检验**. 假设检验常见

的就是双边检验、右边检验和左边检验这三种检验形式.

下面讨论单边检验的拒绝域.

设总体 $X \sim N(\mu, \sigma^2)$, μ 未知, σ 已知, $(X_1, X_2, \cdots, X_n)$ 是来自 X 的样本, 给定显著性检验水平 α, 我们来求检验问题 (4-5) 的拒绝域.

因 $\overline{X}$ 是 μ 的无偏估计, 故当 H_0 为真时, $\overline{X}$ 也应当不大于 μ_0 或者即便大于 μ_0 也不应大得太多, 换言之, $\overline{X} - \mu_0$ 不应太大, 等价于 $U = \dfrac{\overline{X} - \mu_0}{\sigma/\sqrt{n}}$ 不应太大; 当 U 偏大时就应拒绝 H_0, 接受 H_1, 因而拒绝域的形式为

$$\frac{\overline{X} - \mu_0}{\sigma/\sqrt{n}} \geq k, \quad k \text{ 为某一正数.}$$

如何来确定常数 k 呢? 因为当 H_0 成立时, $\dfrac{\overline{X} - \mu_0}{\sigma/\sqrt{n}} \leq \dfrac{\overline{X} - \mu}{\sigma/\sqrt{n}}$, 因而有

$$P\{\text{拒绝 } H_0 \,|\, H_0 \text{ 为真}\} = P_{\mu \leq \mu_0} \left\{ \frac{\overline{X} - \mu_0}{\sigma/\sqrt{n}} \geq k \right\} \leq P \left\{ \frac{\overline{X} - \mu}{\sigma/\sqrt{n}} \geq k \right\} = \alpha.$$

注意到此时 $\dfrac{\overline{X} - \mu}{\sigma/\sqrt{n}} \sim N(0,1)$, 在上式中若取 $k = z_\alpha$, 则事件 $\left\{ \dfrac{\overline{X} - \mu_0}{\sigma/\sqrt{n}} \geq z_\alpha \right\}$ 就是一个概率不超过 α 的小概率事件. 如果由样本观察值算出 $\dfrac{\overline{x} - \mu_0}{\sigma/\sqrt{n}} \geq z_\alpha$, 依据实际推断原理, 应拒绝原假设 H_0, 否则接受 H_0. 因此拒绝域可为: $C = [z_\alpha, +\infty)$ (图 4-2).

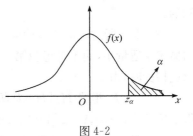

图 4-2

上述讨论结果反映出的事实是: 检验问题 $H_0: \mu \leq \mu_0$, $H_1: \mu > \mu_0$ 的拒绝域包含着检验问题 $H_0: \mu = \mu_0$, $H_1: \mu > \mu_0$ 的拒绝域; 因此, 我们用后者替代前者在拒绝 H_0 时是理由充分的. 同理, 对于左边检验 (4-6), 可以用检验问题 $H_0: \mu = \mu_0$, $H_1: \mu < \mu_0$ 替代, 这样做的方便之处是可以直接确定检验统计量的分布, 并由分布的分位点确定拒绝域.

对于其他的参数的单边检验问题, 都可以类似处理.

例 4.2 某公司从生产商购买牛奶, 怀疑生产商在牛奶中掺水以谋利. 通过测定牛奶的冰点, 可以检验牛奶是否掺水. 天然牛奶的冰点温度近似服从正态分布, 均值 $\mu_0 = -0.545℃$, 标准差 $\sigma = 0.01℃$. 牛奶掺水可使冰点温度升高. 现测得生产商提交的 5 批牛奶的冰点温度, 其均值为 $\overline{x} = -0.535℃$. 问是否可以认为生产商在牛奶中掺了水? 取显著水平 $\alpha = 0.05$.

解 按题意需检验假设

$$H_0 : \mu = \mu_0 = -0.545, \quad H_1 : \mu > \mu_0.$$

在原假设 H_0 成立时,取检验统计量 $U = \dfrac{\overline{X} - \mu_0}{\sigma / \sqrt{n}}$,其服从分布 $N(0,1)$.

对给定的检验水平 $\alpha = 0.05$,由于

$$P\left\{ \frac{\overline{X} - \mu_0}{\sigma / \sqrt{n}} \geqslant z_{0.05} \right\} = 0.05$$

得该检验问题的拒绝域为 $[z_{0.05}, +\infty)$,即 $[1.645, +\infty)$.

由 $\bar{x} = -0.535, \sigma = 0.01$,算得检验统计量 U 的观察值为

$$u = \frac{-0.535 - (-0.545)}{0.01 / \sqrt{5}} = 2.236 > 1.645,$$

即在一次试验中,小概率事件 $\dfrac{\overline{X} - \mu_0}{\sigma / \sqrt{n}} \geqslant z_{0.05}$ 发生了,这与实际推断原理相悖,故拒绝 H_0. 于是可以认为牛奶商在牛奶中掺了水.

综上所述,可得假设检验的基本思想方法如下:

(1) 根据实际问题的要求提出原假设 H_0 和备择假设 H_1;

(2) 在假定 H_0 为真的前提下,构造适当的检验统计量 V,要使 V 的分布是已知的;

(3) 本章所讨论的假设检验主要是显著性假设检验,即只控制犯第一类错误的概率 α 适量小,而不考虑犯第二类错误的概率的大小. 由此原则,当所做检验是双边检验时,由

$$P\{拒绝\ H_0 \mid H_0\ 为真\} = P\{(V \leqslant V_{1-\frac{\alpha}{2}}) \cup (V \geqslant V_{\frac{\alpha}{2}})\} = \alpha \qquad (4\text{-}7)$$

得拒绝域为 $(-\infty, V_{1-\frac{\alpha}{2}}] \cup [V_{\frac{\alpha}{2}}, +\infty)$.

当所做检验是右边检验时,可将原假设 H_0 中的不等号改为等号,并依据检验统计量分布的上 α 分位点,给出拒绝域. 由

$$P\{拒绝\ H_0 \mid H_0\ 为真\} = P\{V \geqslant V_\alpha)\} = \alpha \qquad (4\text{-}8)$$

得拒绝域为 $[V_\alpha, +\infty)$.

当所做检验是左边检验时,可将原假设 H_0 中的不等号改为等号,并依据检验统计量分布的下 α 分位点,给出拒绝域. 由

$$P\{拒绝\ H_0 \mid H_0\ 为真\} = P\{V \leqslant V_{1-\alpha})\} = \alpha \qquad (4\text{-}9)$$

得拒绝域为 $(-\infty, V_{1-\alpha}]$. 其中 V_α 表示统计量 V 所服从分布的上 α 分位点.

(4) 作出拒绝 H_0 还是接受 H_0 这一决策的理论依据是实际推断原理. 若检验统计量 V 的观察值落入拒绝域,则说明在一次试验中小概事件 $\{$拒绝 $H_0 \mid H_0$ 为真$\}$ 发生了,这与实际推断原理相悖,故应拒绝 H_0,否则只有接受 H_0.

通过例 4.1、例 4.2 的分析可看到,假设检验方法中关键的步骤是根据检验对

象找到合适的检验统计量. 由检验统计量结合假设检验的原则,即可得到拒绝域,从而作出决策. 因而在本章后面的几节中,将重点讨论对不同的检验对象如何构造检验统计量.

4.2 正态总体参数的假设检验

本节将分别讨论单一正态总体和两个正态总体参数的假设检验问题.

4.2.1 单一正态总体均值的检验

设总体 $X \sim N(\mu, \sigma^2)$,根据总体 X 的方差 σ^2 是否已知,分两种情形讨论.

1. σ^2 已知,关于 μ 的检验

在 4.1 节中我们已经讨论过,正态总体 X 当 σ^2 已知时,关于均值 μ 的式(4-1)、式(4-5)、式(4-6)的检验问题,都可用统计量

$$U = \frac{\overline{X} - \mu_0}{\sigma/\sqrt{n}} \tag{4-10}$$

作为检验统计量来确定拒绝域,由于构造的检验统计量 $U \sim N(0,1)$,故此检验法称为 **U 检验法**.

2. σ^2 未知,关于 μ 的检验

设总体 $X \sim N(\mu, \sigma^2)$,μ, σ^2 未知,$(X_1, X_2, \cdots, X_n)$ 是来自总体 X 的样本. 关于均值 μ 的式(4-1)、式(4-5)和式(4-6)的检验问题,由于 σ^2 未知,不能再用 $U = \frac{\overline{X} - \mu_0}{\sigma/\sqrt{n}}$ 做为检验统计量来确定拒绝域了. 注意到 S^2 是 σ^2 的无偏估计,用 S 代替 σ,由定理 2.1 知

$$T = \frac{\overline{X} - \mu_0}{S/\sqrt{n}} \sim t(n-1), \tag{4-11}$$

于是可用 T 作为检验统计量. 由于检验统计量 $T \sim t(n-1)$,故此检验法称为 **t 检验法**.

例 4.3 将某种农药施入农田中防治病虫害,若施药 3 个月后土壤中的农药浓度还能达到 5ppm,就认为仍有残效. 已知土壤残余农药的浓度服从正态分布,现在一块已施农药的农田中随机取 10 个土样进行分析,其浓度为(单位:ppm):

  2.5 2.1 3.2 2.6 4.8 7.6 5.4 6.0 3.1 3.5

问该农药是否仍有残效? 取显著性水平 $\alpha = 0.05$.

解　依题意知,要考虑正态总体的均值是否小于 5,故需检验假设

$$H_0 : \mu = \mu_0 = 5, \quad H_1 : \mu < \mu_0.$$

由于总体方差 σ^2 未知,故取检验统计量 $T = \dfrac{\overline{X} - \mu_0}{S/\sqrt{n}}$.

因在 H_0 成立时,$T = \dfrac{\overline{X} - \mu_0}{S/\sqrt{n}} \sim t(n-1)$,对于给定的检验水平 $\alpha = 0.05$,由

$$P\left\{ \frac{\overline{X} - \mu_0}{S/\sqrt{n}} \leqslant -t_{0.05}(n-1) \right\} = 0.05$$

得拒绝域为 $(-\infty, -t_{0.05}(n-1)]$,对于 $n = 10$,查 t 分布表得 $-t_{0.05}(9) = -1.83$.

由样本值算得 $\overline{x} = 4.08, s = 1.8$,代入统计量 T,得 T 的观察值 $t = -1.67 > -1.83, t$ 的值落入接受域中,没有理由拒绝 H_0,故接受 H_0,即在显著性水平 $\alpha = 0.05$ 下认为农药仍有残效.

4.2.2　两个正态总体均值差的检验

设总体 $X \sim N(\mu_1, \sigma_1^2), Y \sim N(\mu_2, \sigma_2^2), X, Y$ 相互独立,$(X_1, X_2, \cdots, X_n)$ 是来自总体 X 的样本,$(Y_1, Y_2, \cdots, Y_n)$ 是来自总体 Y 的样本,$\overline{X}, \overline{Y}$ 与 S_1^2, S_2^2 分别是 X, Y 的样本均值与样本方差. 关于两总体 X, Y 的均值 μ_1, μ_2,我们讨论如下三种假设的检验问题:

双边检验:$H_0 : \mu_1 = \mu_2, H_1 : \mu_1 \neq \mu_2$,即 $H_0 : \mu_1 - \mu_2 = 0, H_1 : \mu_1 - \mu_2 \neq 0$;

右边检验:$H_0 : \mu_1 = \mu_2, H_1 : \mu_1 > \mu_2$,即 $H_0 : \mu_1 - \mu_2 = 0, H_1 : \mu_1 - \mu_2 > 0$;

左边检验:$H_0 : \mu_1 = \mu_2, H_1 : \mu_1 < \mu_2$,即 $H_0 : \mu_1 - \mu_2 = 0, H_1 : \mu_1 - \mu_2 < 0$.

根据两总体 X, Y 的方差 σ_1^2, σ_2^2 是否已知,分三种情况讨论.

1. σ_1^2, σ_2^2 均已知,关于 $\mu_1 - \mu_2$ 的检验

先考虑双边检验 $H_0 : \mu_1 - \mu_2 = 0, H_1 : \mu_1 - \mu_2 \neq 0$.

因为 X, Y 相互独立,由定理 2.2 知

$$U = \frac{(\overline{X} - \overline{Y}) - (\mu_1 - \mu_2)}{\sqrt{\dfrac{\sigma_1^2}{n_1} + \dfrac{\sigma_2^2}{n_2}}} \sim N(0, 1).$$

又 $\overline{X} - \overline{Y}$ 是 $\mu_1 - \mu_2$ 的无偏估计,所以当原假设 H_0 成立时,

$$|U| = \frac{|(\overline{X} - \overline{Y}) - (\mu_1 - \mu_2)|}{\sqrt{\dfrac{\sigma_1^2}{n_1} + \dfrac{\sigma_2^2}{n_2}}} = \frac{|\overline{X} - \overline{Y}|}{\sqrt{\dfrac{\sigma_1^2}{n_1} + \dfrac{\sigma_2^2}{n_2}}}$$

不应太大,如果 $\dfrac{|\overline{X}-\overline{Y}|}{\sqrt{\dfrac{\sigma_1^2}{n_1}+\dfrac{\sigma_2^2}{n_2}}}$ 较大,就不能认为 H_0 成立;故取

$$U=\dfrac{\overline{X}-\overline{Y}}{\sqrt{\dfrac{\sigma_1^2}{n_1}+\dfrac{\sigma_2^2}{n_2}}} \tag{4-12}$$

为检验统计量,其服从分布 $N(0,1)$.于是对给定的显著性水平 α,由

$$P\left\{\dfrac{|\overline{X}-\overline{Y}|}{\sqrt{\dfrac{\sigma_1^2}{n_1}+\dfrac{\sigma_2^2}{n_2}}}\geqslant z_{\alpha/2}\right\}=\alpha$$

得 H_0 的拒绝域为 $(-\infty,-z_{\alpha/2}]\bigcup[z_{\alpha/2},+\infty)$.

类似地,对于 $\mu_1-\mu_2$ 的单边检验,仍取式(4-12)为检验统计量.由式(4-8)、式(4-9)得 H_0 的右边检验、左边检验的拒绝域分别为 $[z_\alpha,+\infty)$ 和 $(-\infty,-z_\alpha]$. 此检验法也称为 U **检验法**.

2. σ_1^2,σ_2^2 未知,但 $\sigma_1^2=\sigma_2^2$ 的情形,关于 $\mu_1-\mu_2$ 的检验

此时记 $\sigma_1^2=\sigma_2^2=\sigma^2,\sigma^2$ 可用 $S_\varpi^2=\dfrac{(n_1-1)S_1^2+(n_2-1)S_2^2}{n_1+n_2-2}$ 去估计,H_0 成立时用统计量

$$T=\dfrac{\overline{X}-\overline{Y}}{S_\varpi\sqrt{\dfrac{1}{n_1}+\dfrac{1}{n_2}}} \tag{4-13}$$

作为检验统计量,由定理 2.2 知

$$T=\dfrac{\overline{X}-\overline{Y}}{S_\varpi\sqrt{\dfrac{1}{n_1}+\dfrac{1}{n_2}}}\sim t(n_1+n_2-2),$$

由式(4-7)、式(4-8)及式(4-9),可得关于 $\mu_1-\mu_2$ 的双边检验、右边检验及左边检验的 H_0 的拒绝域分别为

$$(-\infty,-t_{\alpha/2}(n_1+n_2-2)]\bigcup[t_{\alpha/2}(n_1+n_2-2),+\infty),$$
$$[t_\alpha(n_1+n_2-2),+\infty)\quad\text{和}\quad(-\infty,-t_\alpha(n_1+n_2-2)].$$

3. σ_1^2,σ_2^2 未知的一般情形,关于 $\mu_1-\mu_2$ 的检验

(1) 若 n_1,n_2 不太大,由式(3-16)知

$$T = \frac{(\overline{X} - \overline{Y}) - (\mu_1 - \mu_2)}{\sqrt{\dfrac{S_1^2}{n_1} + \dfrac{S_2^2}{n_2}}} \overset{\text{近似}}{\sim} t([l]),$$

其中 $l = \dfrac{\left(\dfrac{S_1^2}{n_1} + \dfrac{S_2^2}{n_2}\right)^2}{\dfrac{1}{n_1 - 1}\left(\dfrac{S_1^2}{n_1}\right)^2 + \dfrac{1}{n_2 - 1}\left(\dfrac{S_2^2}{n_2}\right)^2}$, $[l]$ 是不超过 l 的最大整数.

所以在原假设 H_0 为真时, 取检验统计量为

$$T = \frac{\overline{X} - \overline{Y}}{\sqrt{\dfrac{S_1^2}{n_1} + \dfrac{S_2^2}{n_2}}}, \tag{4-14}$$

它近似服从自由度为 $[l]$ 的 t 分布. 关于 $\mu_1 - \mu_2$ 的双边检验、右边检验及左边检验的拒绝域分别为 $(-\infty, -t_{\alpha/2}([l])] \cup [t_{\alpha/2}([l]), +\infty)$, $[t_{\alpha}([l]), +\infty)$ 和 $(-\infty, -t_{\alpha}([l])]$.

(2) 若 n_1, n_2 较大, 由式 (3-18) 知

$$U = \frac{(\overline{X} - \overline{Y}) - (\mu_1 - \mu_2)}{\sqrt{\dfrac{S_1^2}{n_1} + \dfrac{S_2^2}{n_2}}} \overset{\text{近似}}{\sim} N(0, 1),$$

所以在原假设 H_0 为真时, 取检验统计量为

$$U = \frac{\overline{X} - \overline{Y}}{\sqrt{\dfrac{S_1^2}{n_1} + \dfrac{S_2^2}{n_2}}}.$$

它近似服从标准正态分布 $N(0, 1)$. 关于 $\mu_1 - \mu_2$ 的双边检验、右边检验及左边检验的拒绝域分别为: $(-\infty, -z_{\alpha/2}] \cup [z_{\alpha/2}, +\infty)$, $[z_{\alpha}, +\infty)$ 和 $(-\infty, -z_{\alpha}]$.

例 4.4 设甲、乙两种矿石中含铜量分别服从 $N(\mu_1, \sigma_1^2)$ 与 $N(\mu_2, \sigma_2^2)$, 现从甲、乙两种矿石中分别抽取 10 个和 5 个样品进行测试, 测得平均含铜量分别为 16.98 和 18.01, 样本方差分别为 0.27 和 10.80. 问甲种矿石的含铜量是否不低于乙种矿石的含铜量? 取显著性水平 $\alpha = 0.01$.

解 设甲、乙两种矿石的含铜量分别为 X, Y, 则 $n_1 = 10, n_2 = 5$; $\overline{x} = 16.98, \overline{y} = 18.01$; $s_1^2 = 0.27, s_2^2 = 10.80$. 这里的检验问题为

$$H_0: \mu_1 = \mu_2, \quad H_1: \mu_1 < \mu_2.$$

由于 σ_1^2, σ_2^2 均未知, 且 $n_1 = 10, n_2 = 5$ 都不大, 故用 $T = \dfrac{\overline{X} - \overline{Y}}{\sqrt{\dfrac{S_1^2}{n_1} + \dfrac{S_2^2}{n_2}}}$ 作为检验统计量,

此时

$$l=\frac{\left(\dfrac{S_1^2}{n_1}+\dfrac{S_2^2}{n_2}\right)^2}{\dfrac{1}{n_1-1}\left(\dfrac{S_1^2}{n_1}\right)^2+\dfrac{1}{n_2-1}\left(\dfrac{S_2^2}{n_2}\right)^2}=\frac{\left(\dfrac{0.27}{10}+\dfrac{10.80}{5}\right)^2}{\dfrac{1}{9}\left(\dfrac{0.27}{10}\right)^2+\dfrac{1}{4}\left(\dfrac{10.80}{5}\right)^2}=4.1,$$

在 H_0 为真时,因 $T\sim t(4)$,由

$$P\left\{\frac{\overline{X}-\overline{Y}}{\sqrt{\dfrac{S_1^2}{n_1}+\dfrac{S_2^2}{n_2}}}\leqslant-t_{0.01}(4)\right\}=0.01$$

得 H_0 的拒绝域为 $(-\infty,-t_{0.01}(4)]$,查表得 $-t_{0.01}(4)=-3.7469$.

将样本值代入得 T 的观察值为 $t=\dfrac{16.98-18.01}{\sqrt{\dfrac{0.27}{10}+\dfrac{10.8}{5}}}=-0.6965>-3.7469$,检

验统计量 T 的观察值落入 H_0 的接受域,故可认为甲种矿石的含铜量不低于乙种矿石的含铜量.

例 4.5 在漂白工艺中考察温度对针织品断裂强度的影响. 今在 70℃ 和 80℃ 分别做了 8 次试验,测得各自的断裂强度 X 和 Y 的观测值如下:

X	20.5	18.8	19.8	20.9	21.5	19.5	21.0	21.2
Y	17.7	20.3	20.0	18.8	19.0	20.1	20.2	19.1

根据以往经验,可认为 X 和 Y 均服从正态分布,且方差不受温度的影响. 在显著性水平 $\alpha=0.05$ 下,检验两种温度下的强度有无显著差异.

解 由条件知,X、Y 相互独立,$X\sim N(\mu_1,\sigma^2)$,$Y\sim N(\mu_2,\sigma^2)$,需检验假设

$$H_0:\mu_1=\mu_2,\quad H_1:\mu_1\neq\mu_2.$$

因为 $\sigma_1^2=\sigma_2^2=\sigma^2$ 且未知,故在 H_0 为真时,取 $T=\dfrac{\overline{X}-\overline{Y}}{S_\varpi\sqrt{\dfrac{1}{n_1}+\dfrac{1}{n_2}}}$ 作为检验统计

量,且 $T\sim t(n_1+n_2-2)$,由

$$P\left\{\frac{|\overline{X}-\overline{Y}|}{S_\varpi\sqrt{\dfrac{1}{n_1}+\dfrac{1}{n_2}}}\geqslant t_{\alpha/2}(n_1+n_2-2)\right\}=\alpha$$

得 H_0 的拒绝域为 $(-\infty,-t_{\alpha/2}(n_1+n_2-2)]\bigcup[t_{\alpha/2}(n_1+n_2-2),+\infty)$. 这里 $n_1=n_2=8,\alpha=0.05$,查表得 $t_{\alpha/2}(n_1+n_2-2)=t_{0.025}(14)=2.145$,即拒绝域为 $(-\infty,-2.145]\bigcup[2.145,+\infty)$.

计算得

$$\bar{x}=20.4, \quad \bar{y}=19.4, \quad s_1^2=0.89, \quad s_2^2=0.83,$$

$$t=\frac{|\bar{x}-\bar{y}|}{\sqrt{\dfrac{(n_1-1)s_1^2+(n_2-1)s_2^2}{n_1+n_2-2}}\sqrt{\dfrac{1}{n_1}+\dfrac{1}{n_2}}}=\frac{20.4-19.4}{\sqrt{\dfrac{7(0.89+0.83)}{14}}\sqrt{\dfrac{2}{8}}}=2.16>2.145,$$

所以拒绝 H_0，即在显著性水平 $\alpha=0.05$ 下，认为 70℃ 和 80℃ 的断裂强度有显著差异.

4.2.3 单个正态总体方差的检验

设总体 $X\sim N(\mu,\sigma^2)$，$(X_1,X_2,\cdots,X_n)$ 是来自总体 X 的样本，$\bar{X}$ 与 S^2 分别是 X 的样本均值与样本方差，关于总体 X 的方差 σ^2 的检验，我们讨论如下三种假设的检验问题：

双边检验：$H_0:\sigma^2=\sigma_0^2$，$H_1:\sigma^2\neq\sigma_0^2$；

右边检验：$H_0:\sigma^2=\sigma_0^2$，$H_1:\sigma^2>\sigma_0^2$；

左边检验：$H_0:\sigma^2=\sigma_0^2$，$H_1:\sigma^2<\sigma_0^2$.

不论总体 X 的期望 μ 是否已知，当 H_0 为真时，均用

$$K=\frac{(n-1)S^2}{\sigma_0^2} \tag{4-15}$$

作为检验统计量. 由定理 2.1 知

$$K=\frac{(n-1)S^2}{\sigma_0^2}\sim\chi^2(n-1).$$

于是关于 σ^2 的双边检验、右边检验及左边检验的 H_0 的拒绝域分别可为

$$(0,\chi_{1-\frac{\alpha}{2}}^2(n-1)]\cup[\chi_{\frac{\alpha}{2}}^2(n-1),+\infty); \quad [\chi_\alpha^2(n-1),+\infty); \quad (0,\chi_{1-\alpha}^2(n-1)].$$

因检验统计量服从 χ^2 分布，此类检验也称为 **χ^2 检验法**.

例 4.6 某厂生产的某种型号的电池，其寿命 $X\sim N(\mu_0,\sigma_0^2)$，其中 $\sigma_0^2=5000(\text{h}^2)$；现在用新工艺进行生产，假设新产品的寿命 $X\sim N(\mu,\sigma^2)$；现随机抽取 26 只电池，测出其寿命的样本方差 $s^2=9200(\text{h}^2)$，试在检验水平 $\alpha=0.05$ 下检验方差 σ^2 是否变大？

解 该问题要考虑正态总体 X 的方差是否大于 5000，故需检验假设

$$H_0:\sigma^2=\sigma_0^2=5000, \quad H_1:\sigma^2>\sigma_0^2.$$

当 H_0 为真时，$K=\dfrac{(n-1)S^2}{\sigma_0^2}\sim\chi^2(n-1)$，所以有

$$P\left\{\frac{(n-1)S^2}{\sigma_0^2}\geqslant\chi_\alpha^2(n-1)\right\}=\alpha,$$

由此得 H_0 的拒绝域为 $[\chi_\alpha^2(n-1),+\infty)$.

这里 $n=26, \alpha=0.05$，查表得 $\chi^2_{0.05}(25)=37.652$，又 K 的样本观察值

$$k=\frac{(n-1)S^2}{\sigma_0^2}=\frac{25\times9200}{5000}=46>37.652,$$

故拒绝 H_0，说明新产品寿命的方差比原产品的方差显著变大.

4.2.4　两个正态总体方差比的检验

设总体 $X\sim N(\mu_1,\sigma_1^2)$，$Y\sim N(\mu_2,\sigma_2^2)$，$X,Y$ 相互独立. $(X_1,X_2,\cdots,X_{n_1})$ 是来自总体 X 的样本，$(Y_1,Y_2,\cdots,Y_{n_2})$ 是来自总体 Y 的样本，$\overline{X},\overline{Y}$ 与 S_1^2,S_2^2 分别是 X，Y 的样本均值与样本方差. 关于两总体 X,Y 的方差 σ_1^2,σ_2^2，我们讨论如下三种假设的检验问题：

双边检验：$H_0:\sigma_1^2=\sigma_2^2$，$H_1:\sigma_1^2\neq\sigma_2^2$，即 $H_0:\dfrac{\sigma_1^2}{\sigma_2^2}=1$，$H_1:\dfrac{\sigma_1^2}{\sigma_2^2}\neq1$；

右边检验：$H_0:\sigma_1^2=\sigma_2^2$，$H_1:\sigma_1^2>\sigma_2^2$，即 $H_0:\dfrac{\sigma_1^2}{\sigma_2^2}=1$，$H_1:\dfrac{\sigma_1^2}{\sigma_2^2}>1$；

左边检验：$H_0:\sigma_1^2=\sigma_2^2$，$H_1:\sigma_1^2<\sigma_2^2$，即 $H_0:\dfrac{\sigma_1^2}{\sigma_2^2}=1$，$H_1:\dfrac{\sigma_1^2}{\sigma_2^2}<1$.

由定理 2.2 知，统计量 $F=\dfrac{S_1^2/S_2^2}{\sigma_1^2/\sigma_2^2}\sim F(n_1-1,n_2-1)$，当假设 H_0 为真时，取检验统计量为

$$F=\frac{S_1^2}{S_2^2}. \tag{4-16}$$

因为 $F=\dfrac{S_1^2}{S_2^2}\sim F(n_1-1,n_2-1)$，由 $P\{$拒绝 $H_0|H_0$ 为真$\}=\alpha$，可得 H_0 的拒绝域.

例 4.7　甲、乙两台机床生产同一型号的轴承，轴承的内径分别服从正态分布 $X\sim N(\mu_1,\sigma_1^2)$ 与 $Y\sim N(\mu_2,\sigma_2^2)$，现从各自加工的轴承中抽取 7 个和 9 个测得其内径为（单位:mm）

X	20.5	19.8	19.7	20.1	19.0	19.9	20.0	
Y	20.7	19.5	19.6	20.8	20.3	19.8	20.2	20.5	19.9

试问:两台机床生产的轴承的内径方差是否相等$(\alpha=0.01)$?

解　该问题需检验假设

$$H_0:\sigma_1^2=\sigma_2^2,\quad H_1:\sigma_1^2\neq\sigma_2^2,$$

在 H_0 为真时，取检验统计量 $F=\dfrac{S_1^2}{S_2^2}\sim F(n_1-1,n_2-1)$，由

$$P\left\{\frac{S_1^2}{S_2^2}\leqslant F_{1-\frac{a}{2}}(n_1-1,n_2-1)\bigcup\frac{S_1^2}{S_2^2}\geqslant F_{\frac{a}{2}}(n_1-1,n_2-1)\right\}=\alpha$$

得 H_0 的拒绝域为 $(0,F_{1-\frac{a}{2}}(n_1-1,n_2-1)]\bigcup[F_{\frac{a}{2}}(n_1-1,n_2-1),+\infty)$，由样本值算得

$$s_1^2=0.21,\quad s_2^2=0.22,\quad f=\frac{s_1^2}{s_2^2}=0.95,$$

查表得

$$F_{\frac{a}{2}}(n_1-1,n_2-1)=F_{0.005}(6,8)=7.95,$$

$$F_{1-\frac{a}{2}}(n_1-1,n_2-1)=F_{0.995}(6,8)=\frac{1}{F_{0.005}(8,6)}=\frac{1}{10.57}=0.09,$$

因为 $0.09<0.95<7.95$，即检验统计量 F 的观察值 $f=0.95$ 不在 H_0 的拒绝域内，从而接受 H_0，说明两台机床生产的轴承内径的方差相等.

4.3　非参数检验

在 4.2 节中介绍的参数假设检验是已知总体分布函数的类型，对其未知参数进行假设检验. 但在许多实际问题中，总体属于何种分布事先并不知道，在这种情况下，需要根据样本来确定总体的分布，即对总体的分布类型进行假设检验，这一类假设检验称之为分布函数的拟合检验. 在实际问题中有时还要考虑两总体分布是否相同、是否独立，即相同性检验、独立性检验等，这些检验都属于非参数假设检验.

4.3.1　分布函数的拟合检验

这里考虑的是如下的假设检验问题：
$$H_0:F(x)=F_0(x),\quad H_1:F(x)\neq F_0(x),$$
其中 $F(x)$ 为总体 X 的分布函数，未知，$F_0(x)$ 为某已知的分布函数，$F_0(x)$ 中可以含有未知参数，也可以不含有未知参数. 分布函数 $F_0(x)$ 一般是根据总体 X 的样本的经验分布函数、直方图等确定的. 关于 H_0 的检验方法很多，对 $F_0(x)$ 的不同类型有不同的检验方法. 在此仅介绍对任意类型的分布函数 $F_0(x)$ 都适用的一种方法——皮尔逊 χ^2 拟合检验法.

设总体 X 的真实分布函数 $F(x)$ 未知，$(X_1,X_2,\cdots,X_n)$ 是总体 X 的样本，$(x_1,x_2,\cdots,x_n)$ 是其样本观察值. 现在需要在显著性水平 α 下检验假设
$$H_0:F(x)=F_0(x),\quad H_1:F(x)\neq F_0(x)$$
（备择假设 H_1 可以不写），其中 $F_0(x)$ 为某个已知的分布函数，称为总体 X 的理论分布. 皮尔逊 χ^2 拟合检验的步骤为

（1）设总体 X 的可能取值的全体为 Ω，将 Ω 分为 m 个互不相交的子集 B_1，$B_2,\cdots,B_m$，事件 $A_i=\{X$ 的值落入子集 B_i 内$\}$，$i=1,2,\cdots,m$. 计算样本值$(x_1,x_2,\cdots,x_n)$ 落入第 i 个子集 B_i 的个数 n_i，即事件 A_i 在 n 次独立试验中发生的次数，从而得到事件 A_i 发生的频率 $n_i/n(i=1,2,\cdots,m)$. n_i 与 $\dfrac{n_i}{n}$ 分别称为**经验频数**和**经验频率**.

在 H_0 为真时，总体 X 取值于第 i 个子集 $B_i(i=1,2,\cdots,m)$ 的概率，也即事件 A_i 发生的概率 $p_i=P(A_i)$ 可由 H_0 中所假设的 X 的分布函数 $F_0(x)$ 来计算. 称 np_i 和 p_i 为**理论频数**和**理论频率**.

（2）当 H_0 为真时，经验频率 $\dfrac{n_i}{n}$ 与理论频率应相差不大，从而反映两者总差异的皮尔逊统计量

$$\chi^2 = \sum_{i=1}^{m} \frac{n}{p_i}\left(\frac{n_i}{n}-p_i\right)^2 = \sum_{i=1}^{m} \frac{n_i^2}{np_i}-n \tag{4-17}$$

也不会太大，当 χ^2 过大，大于某个临界值时，就拒绝 H_0. 为了确定临界值，须求出统计量 χ^2 的分布，皮尔逊证明了以下定理.

皮尔逊定理　当 H_0 为真时，不论 $F_0(x)$ 服从什么分布，由式(4-17)给出的统计量当 $n\to\infty$ 时的极限分布服从自由度为 $m-1$ 的 $\chi^2(m-1)$ 分布（证略）.

一般地，当样本容量 $n\geqslant50$ 时，皮尔逊统计量 χ^2 可近似地认为服从 $\chi^2(m-1)$ 分布. 因此对于给定的显著性水平 α，可得临界值为 $\chi_\alpha^2(m-1)$.

（3）对于给定的显著性水平 α，由小概率事件的概率表达式 $P\{\chi^2>\chi_\alpha^2(m-1)\}=\alpha$，得拒绝域 $(\chi_\alpha^2(m-1),+\infty)$.

（4）作出判断. 由样本值计算检验统计量 χ^2 的观察值，若 $\chi^2>\chi_\alpha^2(m-1)$，则拒绝 H_0，反之接受 H_0.

注 1　当用皮尔逊统计量 χ^2 作为检验假设 $H_0:F(x)=F_0(x)$ 的检验统计量时，$F_0(x)$ 必须是完全已知的，即 $F_0(x)$ 中不能含有未知参数. 若 $F_0(x)$ 中含有未知参数 $\theta_1,\theta_2,\cdots,\theta_k$，则应先求出这些参数的最大似然估计值 $\hat\theta_1,\hat\theta_2,\cdots,\hat\theta_k$，然后才能计算出 X 的理论频率的估计值 $\hat p_i(i=1,2,\cdots,m)$. 在此情况下，费希尔推广了皮尔逊定理，证明了统计量 $\chi^2=\sum\limits_{i=1}^{m}\dfrac{n_i^2}{n\hat p_i}-n$ 当 $n\to\infty$ 时的极限服从 $\chi_\alpha^2(m-k-1)$ 分布，其中 m 为不相交子集 B_i 的个数，k 为待估参数的个数.

注 2　在实际问题中，要求 $n\geqslant50$，$np_i\geqslant5(i=1,2,\cdots,m)$，否则可适当合并子集 B_i，以使 np_i 满足条件.

例 4.8 在某交叉路口记录每 15 秒钟内通过的汽车数量,共观察了 25 分钟,得 100 个记录,经整理得

通过的汽车数量	0	1	2	3	4	5	6	7	8	9	10	11
频数 n_i	1	5	15	17	26	11	9	8	3	2	2	1

在显著性水平 $\alpha=0.05$ 下检验通过该交叉路口的汽车数量服从 $\lambda=4.3$ 的泊松分布.

解 按题意需检验假设

$$H_0:P\{X=i\}=\frac{\lambda^i\mathrm{e}^{-\lambda}}{i!}=\frac{4.3^i\mathrm{e}^{-4.3}}{i!}, \quad i=0,1,2,\cdots,$$

当 H_0 成立时,X 的所有可能取值 $\Omega=\{0,1,2,\cdots\}$,由题设可将 Ω 分成 12 个两两不相交的子集 $B_i=\{i\}$,$i=0,1,2,\cdots,11$,事件 $A_i=\{X=i\}$,$i=0,1,2,\cdots,10$,$A_{11}=\{X\geqslant11\}$,则 $p_i=P\{X=i\}=\dfrac{4.3^i\mathrm{e}^{-4.3}}{i!}$,$i=0,1,2,\cdots,10$,$p_{11}=P\{X\geqslant11\}=$

$1-\sum\limits_{i=0}^{10}p_i$,计算理论频数 $np_i(i=0,1,2,\cdots,11)$,归总于表 4-1.

表 4-1 χ^2 拟合检验计算表

A_i	n_i	p_i	np_i	$\dfrac{n_i^2}{np_i}$
$A_0=\{X=0\}$	1	0.0136	1.36 ⎫	5.00
$A_1=\{X=1\}$	5	0.0584	5.84 ⎭	
$A_2=\{X=2\}$	15	0.1255	12.55	17.9283
$A_3=\{X=3\}$	17	0.1798	17.98	16.0734
$A_4=\{X=4\}$	26	0.1933	19.33	34.9715
$A_5=\{X=5\}$	11	0.1662	16.62	7.2804
$A_6=\{X=6\}$	9	0.1191	11.91	6.801
$A_7=\{X=7\}$	8	0.0732	7.32 ⎫	17.7654
$A_8=\{X=8\}$	3	0.0393	3.93 ⎪	
$A_9=\{X=9\}$	2	0.0188	1.88 ⎬	
$A_{10}=\{X=10\}$	2	0.0081	0.81 ⎪	
$A_{11}=\{X\geqslant11\}$	1	0.0047	0.47 ⎭	
$\sum$	100	1		105.82

在表 4-1 中第 1 个子集 B_0 和第 9,10,11,12 四个子集中的理论频数 np_0 和 np_8,np_9,np_{10} 及 np_{11} 都小于 5,因此将 B_0 与 B_1 合并,将子集 B_8 至 B_{11} 与子集 B_7 合并,这样将 Ω 分成 $m=7$ 个互不相交的子集,所以皮尔逊统计量 $\chi^2=\sum\limits_{i=0}^{6}\dfrac{n_i^2}{np_i}-$

$n \sim \chi^2(7-1)$，由 $P\{\chi^2 \geqslant \chi^2_\alpha(6)\} = 0.05$ 可得 H_0 的拒绝域为 $[\chi^2_{0.05}(6), +\infty) = [12.592, +\infty)$. 由于皮尔逊统计量的观察值

$$\chi^2 = \sum_{i=0}^{6} \frac{n_i^2}{n p_i} - n = 105.82 - 100 = 5.82 < 12.592,$$

故在显著性水平 $\alpha = 0.05$ 下，接受 H_0，即认为通过该交叉路口的汽车数量服从参数为 $\lambda = 4.3$ 的泊松分布.

例 4.9 从某厂正常生产的维尼纶中抽取 100 件，测其纤度 X，经整理得纤度频数分布表

纤度区间	(1.265,1.295]	(1.295,1.325]	(1.325,1.355]	(1.355,1.385]	(1.385,1.415]
频数 n_i	1	4	7	22	23

纤度区间	(1.415,1.445]	(1.445,1.475]	(1.475,1.505]	(1.505,1.535]	(1.535,1.565]
频数 n_i	25	10	6	1	1

试在显著性水平 $\alpha = 0.1$ 下检验维尼纶纤度是否服从正态分布.

解 检验假设 $H_0: X \sim N(\mu, \sigma^2)$，在 H_0 下纤度 X 的所有值 $\Omega = (-\infty, +\infty)$，将 Ω 分为 10 个互不相交的区间 $(t_{i-1}, t_i]$，$i = 1, 2, \cdots, 10$，其中 t_0 定为 $-\infty$，t_{10} 定为 $+\infty$，如表 4-2 所示.

表 4-2 χ^2 值计算表

区间	n_i	$\hat{p}_i$	$n\hat{p}_i$	$\dfrac{n_i^2}{n\hat{p}_i}$
$(-\infty, 1.295]$	1	0.0104	1.04	
$(1.295, 1.325]$	4	0.0361	3.61	9.952
$(1.325, 1.355]$	7	0.0982	9.82	
$(1.355, 1.385]$	22	0.1868	18.68	25.91
$(1.385, 1.415]$	23	0.2434	24.34	21.734
$(1.415, 1.445]$	25	0.2181	21.81	28.657
$(1.445, 1.475]$	10	0.1321	13.21	7.57
$(1.475, 1.505]$	6	0.0557	5.57	
$(1.505, 1.535]$	1	0.016	1.6	8.499
$(1.535, +\infty)$	1	0.0036	0.36	
$\sum$	100			102.322

由于正态总体 X 中的参数 μ, σ^2 均未知，需先求出它们的最大似然估计值，因本例中仅给出了样本的分组数据，因此只能用组中值去代替原始数据，然后求 μ 与 σ^2 的最大似然估计值 $\hat{\mu}$ 与 $\hat{\sigma}^2$.

现在 10 个组中值分别为

$$x_1=1.28, \quad x_2=1.31, \quad x_3=1.34, \quad x_4=1.37, \quad x_5=1.40,$$
$$x_6=1.43, \quad x_7=1.46, \quad x_8=1.49, \quad x_9=1.52, \quad x_{10}=1.55.$$

于是

$$\hat{\mu} = \bar{x} = \frac{1}{100}\sum_{i=1}^{10} n_i x_i = 1.406,$$

$$\hat{\sigma}^2 = m_2' = \frac{1}{100}\sum_{i=1}^{10} n_i(x_i - \bar{x})^2 = 0.0023.$$

在总体分布为 $N(1.406, 0.0023)$ 下,求出 X 落在区间 $(t_{i-1}, t_i]$ 内的理论频率的估计值

$$\hat{p}_i = \Phi\left(\frac{t_i - 1.406}{0.048}\right) - \Phi\left(\frac{t_{i-1} - 1.406}{0.048}\right), \quad i=1,2,\cdots,10,$$

并计算 $n\hat{p}_i$ 的值,如表 4-2 所示.

在表 4-2 中,第 1,2 两区间和第 9,10 两区间内,$n\hat{p}_1$,$n\hat{p}_2$ 和 $n\hat{p}_9$,$n\hat{p}_{10}$ 都小于 5,因此将第 1,2 区间与第 3 区间合并,将第 9,10 区间与第 8 区间合并. 因合并了区间,这时 $m=6$,又估计了两个参数,所以皮尔逊检验统计量服从自由度为 $m-k-1=6-2-1=3$ 的 χ^2 分布. 由 $P\{\chi^2 > \chi_{0.1}^2(3)\} = 0.1$ 得 H_0 的拒绝域为 $(\chi_{0.1}^2(3), +\infty)$,即 $(6.251, +\infty)$.

由于皮尔逊统计量的观察值

$$\chi^2 = \sum_{i=1}^{6} \frac{n_i^2}{n\hat{p}_i} - n = 102.322 - 100 = 2.322 < 6.251,$$

故在显著性水平 $\alpha=0.1$ 下,接受 H_0,认为维尼纶纤度 X 服从 $N(1.406, 0.0023)$ 分布.

4.3.2   两总体之间关系的检验

本小节介绍两总体之间关系的检验. 首先介绍两种检验两个总体的分布是否相同的检验法——符号检验和秩和检验,然后介绍检验两个总体是否相互独立的检验方法.

1. 符号检验

设 $F_1(x)$,$F_2(x)$ 分别是总体 X 与总体 Y 的分布函数,符号检验是由分别来自两个总体 X,Y 且样本容量相等的相互独立的样本 $(X_1, X_2, \cdots, X_n)$ 与 $(Y_1, Y_2, \cdots, Y_n)$ 来检验假设

$$H_0: F_1(x) = F_2(x), \quad H_1: F_1(x) \neq F_2(x).$$

其直观思想是:若原假设 H_0 成立,那么分别来自两个总体 X、Y 的样本的观察值 $(x_1, x_2, \cdots, x_n)$ 与 $(y_1, y_2, \cdots, y_n)$ 中的每一对数据 x_i、y_i 应满足:x_i 大于 y_i 或 y_i 大

于 x_i 的可能性是一样的. 若

$x_i > y_i$,记为"+",而"+"的个数记为 n_+;

$x_i < y_i$,记为"-",而"-"的个数记为 n_-;

$x_i = y_i$,记为"0",而"0"的个数记为 n_0, $i=1,2,\cdots,n$.

那么 n_+ 与 n_- 应相差不大,否则就表明两总体的分布有显著差异. 由于 $n_+ + n_- + n_0 = n$, n_+ 与 n_- 相差较大时,拒绝 H_0,也就是说若 n_+ 不大于某一正数 S_α,或 $n_- - n_+$ 不大于某一正数 S_α 时,拒绝 H_0,即 $\min\{n_+, n_-\}$ 不超过 S_α 时,拒绝 H_0. 人们根据实践经验制定了常用的水平 α 的 S_α 表,即符号检验表(附表6).现将符号检验法的步骤概括如下:

(1) 比较两样本值 $(x_1, x_2, \cdots, x_n)$ 与 $(y_1, y_2, \cdots, y_n)$ 每对数据的大小,记下符号"+"、"-"或"0";

(2) 计算 n_+ 和 n_-,并找到两者较小的一个,记为 S,即 $S = \min\{n_+, n_-\}$,计算 $N = n_+ + n_-$;

(3) 对给定显著性水平 α,由 $P\{S < S_\alpha \mid H_0 \text{ 为真}\} = \alpha$,查符号检验表,得临界值 S_α;

(4) 若 $S < S_\alpha$,则拒绝 H_0,即认为两总体 X 与 Y 的分布不相同,否则接受 H_0.

例 4.10   要比较甲、乙两种不同的热处理方法有没有明显的差异.用甲、乙两种热处理方法处理同一种零件各 20 件,测得其抗拉强度如下:

甲	147	150	152	148	155	146	149	148	151	150
乙	146	151	154	147	152	147	148	146	152	150
符号	+	-	-	+	+	-	+	+	-	0
甲	147	148	147	150	149	149	152	147	154	153
乙	146	146	148	153	147	146	148	149	152	150
符号	+	+	-	-	+	+	+	-	+	+

取显著性水平 $\alpha = 0.05$.

解   如果甲、乙两种热处理方法差不多,那么它们处理的零件的抗拉强度 X 与 Y 应有相同分布.设 X 与 Y 的分布函数分别为 $F_1(x)$, $F_2(x)$,则需检验假设

$$H_0: F_1(x) = F_2(x), \quad H_1: F_1(x) \neq F_2(x).$$

表中符号一栏中的正负号表示相应的这对数据是甲>乙还是乙>甲.计算得 $n = 20$, $n_+ = 12$, $n_- = 7$,于是 $S = \min\{n_+, n_-\} = 7$, $N = n_+ + n_- = 19$.

对给定的水平 $\alpha = 0.05$,查符号检验表得 $S_\alpha = 4$,这里 $S = 7 > S_\alpha = 4$,所以接受 H_0,即可以认为两种热处理方法的处理结果无显著差异.

符号检验法简单、直观,但是它要求数据成对出现,而且由于它仅是简单地比较每一对数据中的大小而不管其具体数据如何,因此必然损失许多可供利用的信息,精确度较差.

2. 秩和检验

秩和检验是一种既有效又方便的检验两总体的分布是否相同的检验方法. 设 $(x_1, x_2, \cdots, x_n)$ 是总体 X 的样本值,将数据按从小到大顺序排列为 $x_{(1)}, x_{(2)}, \cdots,$ $x_{(n)}$,则 $x_{(i)}$ 的下标 i 称为数据 $x_{(i)}$ 的**秩**. 如果出现几个 $x_{(i)}$ 相等的情况,则定义它们的秩为各秩的平均值. 例如,若样本依次排列成 $(1,3,3,4,4,4)$,则两个 3 的秩都是 $(2+3)/2=2.5$,三个 4 的秩都是 $(4+5+6)/3=5$. 一个样本的各个数据的秩之和,称为这个样本的**秩和**,如样本 $(1,3,3,4,4,4)$ 的秩和为 21.

设 $(X_1, X_2, \cdots, X_{n_1})$ 为总体 X 的样本,$(Y_1, Y_2, \cdots, Y_{n_2})$ 为总体 Y 的样本,且两样本独立,X、Y 的分布函数分别是 $F_1(x)$、$F_2(x)$,要检验假设:
$$H_0: F_1(x) = F_2(x), \quad H_1: F_1(x) \neq F_2(x).$$
秩和检验的步骤如下:

(1) 将两个样本混合起来,按照数值从小到大统一编序,得到每个数据的秩.

(2) 设 $n_1 \leqslant n_2$,则计算取自总体 X 的样本的秩和,记为 T.

(3) 如果 H_0 成立,则两个独立样本来自同一总体,因此第一个样本应该随机地分散排列于第二个样本之间,故 T 不应太大,也不应太小,否则就应怀疑 H_0 的成立. 因此,H_0 的拒绝域为 $\{T < T_1$ 或 $T > T_2\}$,$T_1 < T_2$,其中 T_1,T_2 依赖于显著性水平 α,当 α 给定后,由
$$P\{T < T_1 \text{ 或 } T > T_2 | H_0 \text{ 为真}\} = \alpha,$$
查秩和检验表可确定 T_1 与 T_2 的值. T_1 与 T_2 分别称为秩和下限与秩和上限.

(4) 如果 $T < T_1$ 或 $T > T_2$,则否定假设 H_0,认为 X、Y 两总体的分布在显著性水平 α 下有显著差异,否则认为 X、Y 两总体的分布在显著性水平 α 下无显著差异.

例 4.11 对两种固体燃料火箭推进器的燃烧率(单位:cm/s)分别进行了 6 次和 8 次试验,记录其燃烧率分别为

燃料 A	18.7	18.2	20.1	17.9	18.5	18.6		
燃料 B	18.5	18.7	17.8	19.5	20.4	17.6	19.0	20.2

在显著性水平 $\alpha = 0.025$ 下,检验两种固体燃料火箭推进器的燃烧率有无显著差异.

解 若两种固体燃料火箭推进器的燃烧率 X,Y 无显著差异,可以认为两总体 X,Y 有相同的分布函数. 设 X 与 Y 的分布函数分别为 $F_1(x)$,$F_2(x)$,需检验假设
$$H_0: F_1(x) = F_2(x), \quad H_1: F_1(x) \neq F_2(x).$$
将 14 个数据按从小到大的顺序排成表 4-3.

表 4-3 两样本的秩表

秩	1	2	3	4	5.5	7	8.5	10	11	12	13	14
A			17.9	18.2	18.5	18.6	18.7			20.1		
B	17.6	17.8			18.5		18.7	19.0	19.5		20.2	20.4

计算可得:$T=3+4+5.5+7+8.5+12=40$. 在显著性水平 $\alpha=0.025$ 下,查秩和检验表(附表 7)得秩和下限 $T_1=29$,秩和上限 $T_2=61$,这里 $T_1<T<T_2$,所以接受 H_0,即可以认为甲、乙两种固体燃料火箭推进器的燃烧率无显著差异.

注 秩和检验表中只列到 $n_1,n_2 \leqslant 10$ 的情形,n_1,n_2 大于 10 时,可以证明 T 近似地服从正态分布 $N\left(\dfrac{n_1(n_1+n_2+1)}{2},\dfrac{n_1 n_2(n_1+n_2+1)}{12}\right)$,因此 $U=\dfrac{T-\dfrac{n_1(n_1+n_2+1)}{2}}{\sqrt{\dfrac{n_1 n_2(n_1+n_2+1)}{12}}}$

近似地服从标准正态分布 $N(0,1)$,于是可用 U 检验法来检验 H_0 是否成立.

例 4.12 甲、乙两人对从某种化学反应过程中随机抽取的气体进行二氧化碳的百分数的测定,得到数据如下:

甲	14.7 15.0 15.2 14.8 15.5 14.6 14.9 14.0 15.3 15.8
乙	14.6 15.1 15.3 14.7 15.9 14.3 15.1 14.5 13.9 14.1 15.8 15.6

在显著性水平 $\alpha=0.05$ 下检验两人的分析结果有无显著差异.

解 设甲、乙两人测定气体中二氧化碳的百分数 X,Y 的分布函数分别为 $F_1(x),F_2(x)$,需检验假设:$H_0:F_1(x)=F_2(x)$,$H_1:F_1(x)\neq F_2(x)$.

把所给数据按从小到大的顺序排成表 4-4.

表 4-4 两样本的秩表

秩	1	2	3	4	5	6.5	8.5	10	11	12
甲		14.0				14.6	14.7	14.8	14.9	15.0
乙	13.9		14.1	14.3	14.5	14.6	14.7			

秩	13.5	13.5	15	16	17	18	19	20.5	22
甲			15.2	15.3		15.5		15.8	
乙	15.1	15.1			15.4		15.6	15.8	15.9

计算可得 $\dfrac{n_1(n_1+n_2+1)}{2}=115$,$\sqrt{\dfrac{n_1 n_2(n_1+n_2+1)}{12}}=15.17$,于是 H_0 为真时,T 近似服从正态分布 $N(115,15.17^2)$. 检验统计量 $U=\dfrac{T-115}{15.17}$ 近似服从分布 $N(0,1)$,对于 $\alpha=0.05$,由

$$P\{|U|>z_{0.05/2}\}=0.05$$

得 T 的拒绝域为 $(-\infty, 115-15.17\times1.96)\bigcup(115+15.17\times1.96, +\infty)$ ，即 $(-\infty, 85.27)\bigcup(144.73, +\infty)$ ．而 T 的观察值

$$T=2+6.5+8.5+10+11+12+15+16+18+20.5=119.5,$$

由于 $85.27 < 119.5 < 144.73$ ，所以接受 H_0 ，于是可以认为甲、乙两人的分析结果没有显著差异．

3. 独立性检验

实际应用中，我们常常会遇到这样的问题：针对相同的研究对象有两个不同的指标，我们可以分别按这两项指标对研究对象进行分类统计，要求依据统计结果对这两项指标是否有相关关系作出推断．例如，医学家要分析某种环境条件是否助长了某种疾病，他可以在一定范围内展开调查，将被调查者按照是否得过这种疾病和是否具备所研究的环境条件分别分类，得到如下结果：

环境　＼　疾病	患有	不患有
具备	1254	673
不具备	982	301

我们需要依据这些统计数据判断该疾病与这种环境条件是否有相关关系，也相当于要检验假设 H_0 ：疾病与环境条件是相互独立的．

这类问题的一般模型是这样的：考察总体中各元素的两个指标 (X, Y) ，将这两个指标的取值范围分别分成 m 个和 k 个互不相交的区间 $A_1, A_2, \cdots, A_m$ 和 $B_1, B_2, \cdots, B_k$ ，设从该总体中抽取一个容量为 n 的样本 $(X_1, Y_1), (X_2, Y_2), \cdots, (X_n, Y_n)$ ，用 n_{ij} 表示样本值中其 X 坐标落于 A_i 而 Y 坐标落于 B_j 中的个数 $(i=1, 2, \cdots, m; j=1, 2, \cdots, k)$ ；又记

$$n_{i\cdot}=\sum_{j=1}^{k}n_{ij}, \quad n_{\cdot j}=\sum_{i=1}^{m}n_{ij}. \tag{4-18}$$

显见 $n=\sum\limits_{i=1}^{m}\sum\limits_{j=1}^{k}n_{ij}$ ．样本元素的这种分类可以用表 4-5 表示，这种表称为**列联表**．

表 4-5　列联表一般格式

X ＼ Y	B_1	B_2	$\cdots$	B_k	$n_{i\cdot}=\sum\limits_{j=1}^{\infty}n_{ij}$
A_1	n_{11}	n_{12}	$\cdots$	n_{1k}	$n_1\cdot$
A_2	n_{21}	n_{22}	$\cdots$	n_{2k}	$n_2\cdot$
$\vdots$	$\vdots$	$\vdots$		$\vdots$	$\vdots$
A_m	n_{m1}	n_{m2}	$\cdots$	n_{nk}	$n_m\cdot$
$n_{\cdot j}=\sum\limits_{j=1}^{\infty}n_{ij}$	$n_{\cdot 1}$	$n_{\cdot 2}$	$\cdots$	$n_{\cdot k}$	

要求检验假设 H_0：总体的两个指标 X 和 Y 是相互独立的.

检验这一假设的方法思想是通过适当的统计量检验列联表中"格值"n_{ij} 的平方与"行和"$n_{i.}$、"列和"$n_{.j}$ 的乘积的差异是否显著. 可以证明,当 H_0 为真时,有

$$\chi^2 = n\left(\sum_{i=1}^{m}\sum_{j=1}^{k}\frac{n_{ij}^2}{n_{i.}n_{.j}}-1\right) \overset{\text{近似}}{\sim} \chi^2((m-1)(k-1)). \tag{4-19}$$

因此,如果 χ^2 的实际观测值偏大,我们就有理由拒绝 H_0.

例 4.13 有 1000 人按性别与色盲分类如下：

	正常	色盲	合计
男	442	38	480
女	514	6	520
合计	956	44	1000

试在显著性水平 $\alpha=0.01$ 下检验色盲与性别的关系.

解 提出假设 H_0：色盲与性别是相互独立的.

由所给列联表进行计算 $(m=k=2)$ 得

$$n\left(\sum_{i=1}^{2}\sum_{j=1}^{2}\frac{n_{ij}^2}{n_{i.}n_{.j}}-1\right) = 1000 \times \left(\frac{n_{11}^2}{n_{1.}n_{.1}} + \frac{n_{12}^2}{n_{1.}n_{.2}} + \frac{n_{21}^2}{n_{2.}n_{.1}} + \frac{n_{22}^2}{n_{2.}n_{.2}} - 1\right)$$

$$= 1000 \times \left(\frac{442^2}{480\times956} + \frac{38^2}{480\times44} + \frac{514^2}{520\times956} + \frac{6^2}{520\times44} - 1\right)$$

$$= 27.2.$$

对于给定的显著性水平 $\alpha=0.01$,查表知 $\chi_\alpha^2((m-1)(k-1))=\chi_{0.01}^2(1)=6.635$,由于 $\chi^2=27.2>6.635$,因此拒绝 H_0,表明色盲与性别有关系.

4.4 假设检验问题的 p 值法

前三节讨论的假设检验方法称为**临界值法**. 临界值法的结论是简单的,在给定的显著性水平 α 下,不是拒绝原假设 H_0,就是接受原假设 H_0；然而在同一检验问题的同一样本下,对于不同的显著性水平 α,却可能得到不同的结论. 如例 4.2 中,取显著性水平 $\alpha=0.05$,得临界值 $z_{0.05}=1.645$,而由样本得到的检验统计量 U 的观察值 $u=2.236>1.645$,故拒绝 H_0. 若另取显著性水平 $\alpha=0.01$,得临界值为 $z_{0.01}=2.325$,$u=2.236<2.325$,故接受 H_0. 假设这时一个人主张选显著性水平 $\alpha=0.05$,而另一个人主张选显著性水平 $\alpha=0.01$,那么两个人的结论就完全相反,我们该如何对待此问题呢?

事实上,当 α 相对大一些时,U 的临界值就变小,从而 2.236 超过了临界值,故

应拒绝 H_0;而当 α 减小时,临界值便增大,2.236 就可能超不过临界值,这时便接受了 H_0. 现在若把 2.236 也即由样本得到的检验统计量 U 的观察值 u 作为临界值,由

$$P\{U\geqslant u=2.236\}=1-\Phi(2.236)=1-0.9873=0.0127$$

知道,若取显著性水平 $\alpha=0.0127$,就有 $P\{U\geqslant 2.236\}=0.0127$,因而也拒绝 H_0. 这里 0.0127 便是图 4-3 中标准正态分布右边尾部阴影区域的面积. 当选定的显著性水平 $\alpha>0.0127$ 时,阴影区域扩大,临界值向左移,致使 2.236 落入拒绝域(图 4-4);相反若选定的显著性水平 $\alpha<0.0127$,则阴影区域缩小,临界值向右移,致使 2.236 落入接受域中(图 4-5). 从这里可以看出 0.0127 是这个问题中拒绝 H_0 的最小的显著性水平,比它稍小一点便会导致接受 H_0,这种"拒绝 H_0 的最小的显著性水平"就称为 p 值.

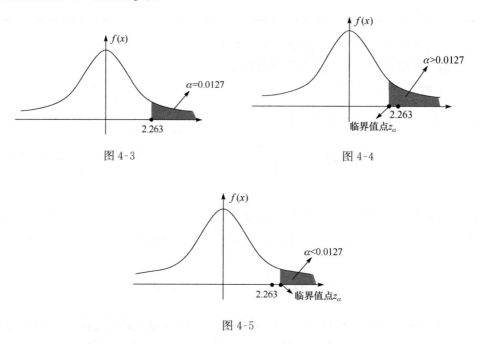

图 4-3   图 4-4

图 4-5

定义 4.1   在一个假设检验问题中,由检验统计量的样本值得出的拒绝原假设的最小显著性水平称为 **p 值**.

任意检验问题的 p 值可以根据检验统计量的样本观察值和检验统计量在原假设 H_0 下的一个特定的参数值(一般是 H_0 与 H_1 所规定的参数的分界点)对应的分布求出. 例如,在正态分布均值 μ 的检验中,当标准差 σ 未知时,可采用检验统计量 $T=\dfrac{\overline{X}-\mu_0}{S/\sqrt{n}}$,当 $\mu=\mu_0$ 时,T 服从自由度为 $n-1$ 的 t 分布. 如果由样本求得 T

统计量的观察值为 t_0,那么下述三种检验问题对应的 p 值可分别求出:

(1) 在 $H_0:\mu=\mu_0,H_1:\mu>\mu_0$ 的检验中,$p=P\{T\geqslant t_0\}$;

(2) 在 $H_0:\mu=\mu_0,H_1:\mu<\mu_0$ 的检验中,$p=P\{T\leqslant t_0\}$;

(3) 在 $H_0:\mu=\mu_0,H_1:\mu\neq\mu_0$ 的检验中,$p=P\{|T|\geqslant t_0\}=2P\{T\geqslant t_0\}$.

类似地,对本章前三节中所涉及到的各种检验问题可分别给出 p 值的计算公式.在现代计算机的统计软件中都会给出常用的检验问题的 p 值.

对一个检验问题,一旦求出 p 值,对于给定的显著性水平 α,按 p 值的定义,就可得到如下结论:

(1) 如果 $\alpha\geqslant p$,则在显著性水平 α 下拒绝 H_0;

(2) 如果 $\alpha<p$,则在显著性水平 α 下接受 H_0.

例 4.14　用 p 值法检验例 4.5 的检验问题:$H_0:\mu_1=\mu_2,H_1:\mu_1\neq\mu_2$.

解　用 T 检验法,检验统计量

$$T=\frac{\overline{X}-\overline{Y}}{S_{\varpi}\sqrt{\dfrac{1}{n_1}+\dfrac{1}{n_2}}}\sim t(4),$$

由样本值得到的观察值 $t_0=2.16$.由 Excel 软件可得

$$p\text{ 值}=P\{|T|\geqslant 2.16\}=2P\{T\geqslant 2.16\}=0.0486,$$

给定的显著性水平 $\alpha=0.05>p$ 值 $=0.0486$,故拒绝 H_0.

例 4.15　由 p 值法检验例 4.8 的检验问题:$H_0:F(x)=F_0(x),H_1:F(x)\neq F_0(x)$.

解　用 χ^2 检验法,检验统计量

$$\chi^2=\sum_{i=0}^{6}\frac{n_i^2}{np_i}-n\sim\chi^2(6),$$

由样本值得该检验统计量的观察值 $k_0=5.8167$.由 Excel 软件得 p 值 $=P\{\chi^2\geqslant 5.8167\}=0.444$,给定的显著性水平 $\alpha=0.05<p$ 值 $=0.444$,故接受 H_0.

p 值是假设 H_0 为真时,检验统计量出现当前观察值而拒绝 H_0 的概率.p 值越小,表示在 H_0 为真时出现这一观察值的可能性越小,因而拒绝 H_0 的依据就越强越充分,所以 p 值是衡量反对 H_0 的依据强度的一种尺度.许多科技工作者使用下面的数量界限将结果分类.

若 p 值 $\leqslant 0.01$,推断拒绝 H_0 的依据很强;若 $0.01<p\leqslant 0.05$,推断拒绝 H_0 的依据是强的;若 $0.05<p\leqslant 0.1$,推断拒绝的依据具有中等强度;若 $p>0.1$,推断拒绝 H_0 的依据是弱的,或没有依据,从而可接受 H_0.由此对于某些假设检验问题,在叙述检验结果时,常不论及显著性水平或临界值,而直接用 p 值法评价拒绝 H_0 的依据强度,作出推断.

例 4.16　一支香烟中的尼古丁含量 X 服从正态分布 $N(\mu,1)$,合格标准规定

μ 不能超过 1.5mg. 现从一批香烟中随机抽取一盒(20 支),测得平均每支香烟的尼古丁含量为 $\bar{x}=1.97$. 由此对这批香烟的尼古丁含量是否合格作出判断.

解　检验假设 $H_0:\mu\leqslant1.5,H_1:\mu>1.5$. 取检验统计量

$$U=\frac{\overline{X}-1.5}{1/\sqrt{20}}\sim N(0,1),$$

由样本得此检验统计量的观察值 $u=\dfrac{1.97-1.5}{1/\sqrt{20}}=2.10$,计算得

$$p\text{ 值}=P\{U\geqslant2.10\}=1-\Phi(2.10)=1-0.9821=0.0179<0.05,$$

推断拒绝 H_0 的依据是强的,故拒绝 H_0,即这批香烟的尼古丁含量不合格.

又如例 4.15 中,计算得 p 值 $=0.444>0.10$,推断拒绝 H_0 没有依据,从而可直接作出接受 H_0 的结论.

习　题　4

1. 某餐厅每天的营业额服从正态分布,以往老菜单的营业额均值为 8000 元,标准差为 640 元. 一个新的菜单挂出后,九天中平均每天营业额为 8300 元,标准差没变. 经理想知道新菜单是否提高了每天的营业额. 取显著性检验水平 $\alpha=0.05$.

2. 设一种产品的某个指标服从正态分布,它的标准差 $\sigma=150$. 今抽取一个容量为 26 的样本,计算得到平均值为 1637. 问在显著性水平 0.05 下能否认为这批产品的该指标的期望值 μ 为 1600?

3. 根据某地环境保护条例规定,倾入河流的废水中某种有毒化学物质的含量不得超过 3ppm. 该地区环保组织对沿河各工厂进行检测,测定每日倾入河流的废水中该物质的含量. 某厂连日的记录为

　　3.1　3.2　3.3　2.9　3.5　3.4　2.5　4.3　2.9　3.6　3.2　3.0　2.7　3.5　2.9

试在显著性水平 $\alpha=0.05$ 下判断该厂是否符合环保规定? 假设废水中有毒物质含量 $X\sim N(\mu,\sigma^2)$.

4. 某厂生产的某种型号的电池,其寿命 $X\sim N(\mu_0,\sigma_0^2)$,其中 $\sigma_0^2=5000h^2$. 现用新工艺进行生产,新产品的寿命 $X\sim N(\mu,\sigma^2)$. 现随机抽取 26 只电池,测出其寿命的样本方差 $s^2=9200h^2$,试在显著性水平 $\alpha=0.01$ 下检验新产品寿命的方差是否有显著变化?

5. 微波炉在炉门关闭时的辐射量是一个重要质量指标. 某厂生产的微波炉的该指标服从正态分布,长期以来其均值都符合要求不超过 0.12,标准方差也符合要求不超过 0.1. 为检验近期产品的质量,抽查了 25 台,得其炉门关闭时辐射量的均值 $\bar{x}=0.1203$,标准方差 $s=0.0987$. 试在显著性水平 $\alpha=0.1$ 下检验该厂近期生产的微波炉是否仍合格.

6. 现有两箱灯泡,从第一箱中取 9 只测试,算得平均寿命为 1532h,标准差为 423h;从第二箱中取 18 只测试,算得平均寿命为 1412h,标准差为 380h. 设两箱灯泡的寿命都服从正态分布,且方差相等. 问是否可以认为这两箱灯泡是同一批生产的? 取显著性检验水平 $\alpha=0.05$.

7. 从甲、乙两种室内空调中分别抽取 8 台和 12 台,在同一工作模式下,测得甲空调的平均声压为 52dB,标准差为 5dB;乙种空调的平均声压为 46dB,标准差为 2dB. 设这两种空调的声

压都服从正态分布,方差相同且相互独立.问在显著性检验水平 $\alpha=0.01$ 下,甲种空调的声压是否显著大于乙种空调的声压?

8. 某苗圃采用两种育苗方案做杨树的育苗试验,已知苗高(单位:cm)服从正态分布,总体标准差分别为 $\sigma_1=20,\sigma_2=18$. 现在两组育苗试验中,各取 60 株作为样本,求得苗高的样本平均值分别为 $\bar{x}=59.34,\bar{y}=49.16$,若取显著性检验水平 $\alpha=0.05$,问两组试验在平均苗高上是否有显著差异?

9. 某厂使用两种不同的原料 A,B 生产同一类产品,现抽取用原料 A 生产的样品 220 件,测得平均重量为 2.46kg,标准差为 0.57kg;取使用原料 B 生产的样品 205 件,测得平均重量为 2.55kg,标准差为 0.48kg. 设这两个总体都服从正态分布,问在显著性检验水平 $\alpha=0.05$ 下能否认为使用原料 B 生产的产品平均重量较使用原料 A 生产的产品平均重量大?

10. 甲、乙两位化验员,对一种矿砂的含铁量各自独立地用同一方法作了 5 次分析,得到样本方差分别为 0.4322 和 0.5006. 若甲,乙两人测定值的总体都服从正态分布. 试在显著性检验水平 $\alpha=0.05$ 下检验两人测定值的方差有无显著差异?

11. 某机床厂某日从两台机器所加工的同一种零件中,分别抽取若干个样品测量零件尺寸,

　　　　第一台机器:15.0　14.5　15.2　15.5　14.8　15.1　15.2　14.8
　　　　第二台机器:15.2　15.0　14.8　15.2　15.0　15.0　14.8　15.1　14.8

该零件尺寸服从正态分布,问第二台机器的加工精度是否比第一台机器的高? 取显著性检验水平 $\alpha=0.05$.

12. 某建筑构件厂使用两种不同的砂石生产混凝土预制块,其强度均服从正态分布. 为比较两种预制块的强度有无差异,取使用甲种砂石的试块 20 块,测得平均强度 310kg/cm²,标准差为 4.2kg/cm²;取使用乙种砂石的试块 16 块,测得平均强度 308kg/cm²,标准差为 3.6kg/cm². 在水平 $\alpha=0.01$ 下,问

(1) 能否认为两个总体方差相等?

(2) 能否认为使用甲种砂石的混凝土预制块的平均强度显著高于用乙种砂石的预制块的平均强度?

13. 某公司的人事部门希望了解公司职工的病假是否均匀分布在周一到周五,以便合理安排工作.如今抽取了 100 名病假职工,其病假日分布如下:

工作日	周一	周二	周三	周四	周五
频数	17	27	10	28	18

试问该公司职工病假是否均匀分布在一周五个工作日中? 取显著性水平 $\alpha=0.05$.

14. 2010 年某高校工科研究生有 80 名以数理统计作为学位课,考试成绩如下:

　　97　76　82　95　91　85　84　82　95　77　76　78　86　88　77　93　94　89
　　91　88　86　83　96　81　79　97　78　75　67　69　84　81　68　83　75　66
　　85　70　94　90　84　83　82　80　78　74　73　76　70　86　76　89　90　71
　　66　53　86　73　80　94　95　79　78　77　63　55　82　91　55　78　67　85
　　86　72　78　92　89　70　62　83

试用 χ^2 拟合检验法检验考试成绩是否服从正态分布? 取显著性水平 $\alpha=0.05$.

15. 检查了一本书的 100 页,记录各页中的印刷错误的个数,其结果如下:

错误个数(f_i)	0	1	2	3	4	5	6	$\geqslant 7$
含 f_i 个错误的页数	36	40	19	2	0	2	1	0

问在显著性水平 $\alpha = 0.05$ 下,能否认为一页中的印刷错误个数服从泊松分布?

16. 有两台光谱仪 I_x, I_y 用来测量材料中某种金属的含量,为鉴定它们的测量结果有无显著的差异,制备了 9 件试块. 现在分别用这两台仪器对每一试块测量一次,得到 9 对观察值如下:

$x/(\%)$	0.20	0.30	0.40	0.50	0.60	0.70	0.80	0.90	1.00
$y/(\%)$	0.10	0.21	0.52	0.38	0.79	0.68	0.77	0.82	0.89

分别用符号检验法和秩和检验法检验这两台仪器的测量结果有无显著差异,取显著性水平 $\alpha = 0.05$.

17. 下面给出两种型号的手机充电后所能使用的时间(单位:h)

　　　　　型号 A　55　56　63　46　53　50　62　58　51　52
　　　　　型号 B　40　43　42　49　45　52　48　45　52

试用秩和检验法检验型号 A 的手机充电后平均使用时间比型号 B 的时间长. 取显著性水平 $\alpha = 0.05$.

18. (1) 用 p 值法检验第 5 题;

(2) 用 p 值法检验第 7 题;

(3) 用 p 值法检验第 14 题.

19. 考察生长在白鼠身上的肿块大小,以 X 表示在白鼠身上生长了 15 天的肿块的直径(单位:mm),设 $X \sim N(\mu, \sigma^2)$, μ, σ^2 均未知. 今随机地取 9 只白鼠(在它们身上的肿块都长了 15 天),测得 $\bar{x} = 4.3, s = 1.2$. 用 p 值检验法检验假设 $H_0: \mu = 4.0, H_1: \mu \neq 4.0$.

20. 为了了解某种药品对某种疾病的疗效是否与患者的年龄有关,共抽取了 300 名患者,将疗效分成"显著"、"一般"、"较差"三个等级,将年龄分成"儿童"、"中青年"、"老年"三个等级,得到数据如下表所示:

年龄 效果	儿童	中青年	老年	合计
显著	58	38	32	128
一般	28	44	45	117
较差	23	18	14	55
合计	109	100	91	300

在显著性水平 $\alpha = 0.05$ 下检验假设 H_0:疗效与年龄相互独立.

第 5 章　方差分析与正交试验设计

在科学实验和生产实践中,影响同一事物的因素往往是很多的. 例如,在化工生产中,有原料配方、催化剂、反应温度、压力、反应时间、机器设备及操作人员水平等因素,每一因素的改变都有可能影响产品的产量和质量. 有些因素影响较大,有些较小. 为此,我们需要通过观察或试验来判断哪些因素对结果有显著的影响,以便对生产或试验进行有效地控制. 方差分析和正交试验设计就是用来解决这类问题的有效方法,它们是 20 世纪 20 年代由英国统计学家 R. A. Fisher 创立并首先运用到农业试验中去的,后来人们发现这些方法可以广泛地运用到试验工作的很多领域.

5.1　单因素方差分析

在试验中,我们将要考察的指标称为**试验指标**,例如,农作物的产量、产品的质量等. 影响试验指标的条件称为**因素**,因素可分为两类,一类是人们可以控制的,如原料成分、反应温度、压力等;一类是人们不能控制的,如测量误差、气象条件等. 以下所说的因素都是可控因素,试验中因素所处的不同状态称为**水平**. 因素可以是定量的也可以是定性的,因素对试验结果的影响主要表现在它所处水平发生改变时,试验指标也随之发生变化. 如果在一项试验中只有一个因素在改变,这样的试验称为**单因素试验**,如果多于一个因素在改变,就称为**多因素试验**. 本节通过实例来讨论单因素试验.

5.1.1　数学模型

例 5.1　某试验室对钢锭模进行热疲劳选材试验. 其方法是将试件加热到 $700℃$ 后,投入到 $20℃$ 的水中骤冷,这样反复进行到试件断裂为止,试验次数越多试件质量越好. 试验结果如表 5-1 所示,目的是确定 4 种不同材质试件的抗热疲劳性能是否有显著差异.

表 5-1　单因素方差分析数据表

试验号 \ 材质分类	A_1	A_2	A_3	A_4
1	160	158	146	151
2	161	164	155	152

续表

材质分类 试验号	A_1	A_2	A_3	A_4
3	165	164	160	153
4	168	170	162	157
5	170	175	164	160
6	172		166	168
7	180		174	
8			182	

这里,试验的指标是钢锭模的抗热疲劳试验次数,钢锭模的材质是因素,4 种不同的材质表示该因素的 4 个水平,这项试验是 4 水平单因素试验.

例 5.2 某化工原料,按照 $m(m>2)$ 种不同的方案加入一定量的某种催化剂后,考察该催化剂对其含脂率的影响.假设在第 i 种方案上,经试验取得容量为 n_i 的样本:$x_{i1},x_{i2},\cdots,x_{in_i},i=1,2,\cdots,m$.要求判断该催化剂的添加量对含脂率是否有显著影响.这一问题等同于要求检验不同方案下含脂率的平均值是否相等.

这里,试验指标是化工原料的含脂率,催化剂的添加量是因素,该试验为 m 水平单因素试验.

单因素试验的一般模型为:因素 A 有 s 个水平 $A_1,A_2,\cdots,A_s$,在每个水平 A_i 下进行 $n_i(n_i\geqslant2)$ 次独立试验,得到 n_i 个数据 $x_{i1},x_{i2},\cdots,x_{in_i}i=1,2,\cdots,s$,所有数据可列成形如表 5-2 的表格.

表 5-2　单因素方差分析数据表

水平	A_1	A_2	$\cdots$	A_s
观测值	x_{11} x_{12} $\vdots$ x_{1n_1}	x_{21} x_{22} $\vdots$ x_{2n_2}	$\cdots$ $\cdots$ $\cdots$	x_{s1} x_{s2} $\vdots$ x_{sn_s}
样本总和	$T_1.$	$T_2.$	$\cdots$	$T_s.$
样本均值	$\overline{x}_1$	$\overline{x}_2$	$\cdots$	$\overline{x}_s$
总体均值	μ_1	μ_2	$\cdots$	μ_s

把不同水平下的试验指标分别看成不同的总体,假定 s 个总体 $X_1,X_2,\cdots,X_s$ 相互独立,它们有相同的方差,且 $X_i\sim N(\mu_i,\sigma^2)$,其中 μ_i 和 σ^2 均未知,$i=1,2,\cdots,s$.所得的试验数据对应着来自这 s 个总体的样本值,在总体 X_i 下,有简单随机样本 $(X_{i1},X_{i2},\cdots,X_{in_i})$,其中 $X_{ij}\sim N(\mu_i,\sigma^2)$,$j=1,2,\cdots,n_i$;$i=1,2,\cdots,s$,且相互独立.

若记 $\varepsilon_{ij}=X_{ij}-\mu_i$,它可以看成是试验中无法控制的各种因素所引起的随机误差.则上述问题可简单表示为

$$\begin{cases} X_{ij}=\mu_i+\varepsilon_{ij} \\ \varepsilon_{ij}\sim N(0,\sigma^2), \end{cases} \quad \text{各 } \varepsilon_{ij} \text{ 相互独立},j=1,2,\cdots,n_i;i=1,2,\cdots,s, \quad (5\text{-}1)$$

其中 μ_i 和 σ^2 均为未知参数;式(5-1)称为单因素方差分析的数学模型.

方差分析的任务是对于模型(5-1):

(1) 检验 s 个总体的均值是否相等,即检验假设

$$\begin{cases} H_0: & \mu_1=\mu_2=\cdots=\mu_s; \\ H_1: & \mu_1,\mu_2,\cdots,\mu_s \text{ 不全相等}. \end{cases} \quad (5\text{-}2)$$

(2) 作出未知参数 $\mu_1,\mu_2,\cdots,\mu_s,\sigma^2$ 的估计.

为了将问题表示成更便于分析的形式,记

$$\mu=\frac{1}{n}\sum_{i=1}^{s}n_i\mu_i,$$

其中 $n=\sum\limits_{i=1}^{s}n_i$,μ 称为**总平均**.再记

$$\delta_i=\mu_i-\mu, \quad i=1,2,\cdots,s,$$

它表示水平 A_i 下的总体平均值与总平均的差异,称为水平 A_i 的**效应**.易知 $\sum\limits_{i=1}^{s}n_i\delta_i=0$.

这样,模型(5-1)又可表示为

$$\begin{cases} X_{ij}=\mu+\delta_i+\varepsilon_{ij}, \\ \varepsilon_{ij}\sim N(0,\sigma^2), \quad \text{各 } \varepsilon_{ij} \text{ 相互独立},j=1,2,\cdots,n_i;i=1,2,\cdots,s, \\ \sum\limits_{i=1}^{s}n_i\delta_i=0, \end{cases} \quad (5\text{-}1)'$$

而假设(5-2)等价于

$$\begin{cases} H_0: & \delta_1=\delta_2=\cdots=\delta_s=0; \\ H_1: & \delta_1,\delta_2,\cdots,\delta_s \text{ 不全为零}. \end{cases} \quad (5\text{-}2)'$$

5.1.2 检验方法的思想

方差分析法解决检验假设(5-2)′的主要思想就是通过对样本数据的"总变差"的分解分析,构造出适当的统计量,对原假设 H_0 进行检验.

记

$$S_T=\sum_{i=1}^{s}\sum_{j=1}^{n_i}(X_{ij}-\overline{X})^2, \quad (5\text{-}3)$$

其中

$$\overline{X} = \frac{1}{n} \sum_{i=1}^{s} \sum_{j=1}^{n_i} X_{ij}, \tag{5-4}$$

则 $\overline{X}$ 是数据的总平均,而 S_T 是所有数据与它们的总平均的偏差的平方和,反映了全部试验数据相对于 $\overline{X}$ 的离散程度,称为**总偏差平方和**,也称**总变差**.

又记水平 A_i 下的样本平均值为 $\overline{X}_i$,即 $\overline{X}_i = \frac{1}{n_i} \sum_{j=1}^{n_i} X_{ij}$,于是通过简单的分解变形不难得到

$$S_T = S_E + S_A, \tag{5-5}$$

其中

$$S_E = \sum_{i=1}^{s} \sum_{j=1}^{n_i} (X_{ij} - \overline{X}_i)^2, \tag{5-6}$$

$$S_A = \sum_{i=1}^{s} \sum_{j=1}^{n_i} (\overline{X}_i - \overline{X})^2 = \sum_{i=1}^{s} n_i (\overline{X}_i - \overline{X})^2. \tag{5-7}$$

上述 S_E 的各项 $(X_{ij} - \overline{X}_i)^2$ 表示在水平 A_i 下样本值与样本均值的差异,这是由随机误差引起的,因此 S_E 称为**误差平方和**. S_A 的各项 $n_i (\overline{X}_i - \overline{X})^2$ 表示的是水平 A_i 下的样本均值与数据总平均的差异,它除了随机因素之外也与水平 A_i 的效应有关,当 δ_i 不全为零时,S_A 主要反映了这些效应的差异,因此它称为**效应平方和**.

式(5-5)把样本数据的总平方和分解成误差平方和与因素的效应平方和. 若 H_0 成立,各水平的效应均为零,S_A 中也只含随机误差,因而 S_A 与 S_E 相比较相对于某一显著水平不应太大.

为了更具体地比较 S_A 与 S_E,人们研究了与 S_A/S_E 有关的统计量,利用抽样分布的有关定理,得出了如下结论.

当 H_0 为真时,

$$\frac{S_E}{\sigma^2} \sim \chi^2 (n-s), \quad \frac{S_A}{\sigma^2} \sim \chi^2 (s-1), \tag{5-8}$$

进而

$$F = \frac{S_A/(s-1)}{S_E/(n-s)} \sim F(s-1, n-s). \tag{5-9}$$

于是,要检验 S_A 是否偏大,只需检验 F 的值是否偏大. 对于给定的显著性水平 $\alpha (0 < \alpha < 1)$,由

$$P\{F \geqslant F_\alpha (s-1, n-s)\} = \alpha$$

可得检验问题(5-2)′ 的拒绝域为

$$F \geqslant F_\alpha (s-1, n-s). \tag{5-10}$$

由样本值计算 F 的值,若 $F \geqslant F_\alpha$,则拒绝 H_0,认为水平的改变对指标有显著

的影响;若 $F<F_\alpha$,则接受原假设 H_0,即认为水平的改变对指标无显著影响.

上面的分析结果可概括地排成表 5-3 的形式,称为**方差分析表**.

表 5-3 单因素方差分析表

方差来源	平方和	自由度	均方和	F 比	显著性
因素 A	S_A	$s-1$	$\overline{S}_A=S_A/(s-1)$	$F=\overline{S}_A/\overline{S}_E$	
误差	S_E	$n-s$	$\overline{S}_E=S_E/(n-s)$		
总和	S_T	$n-1$			

方差分析的显著水平 α 通常取 0.05 或 0.01. 一般规定,若在显著性水平 $\alpha=0.05$ 下拒绝了 H_0,即 $F\geqslant F_{0.05}(s-1,n-s)$,则称该因素的影响显著,用" $*$ "标记;若在显著性水平 $\alpha=0.01$ 下拒绝了 H_0,即 $F\geqslant F_{0.01}(s-1,n-s)$,则称该因素的影响高度显著,用" $**$ "标记.

5.1.3 方法步骤与实例

根据上述原理分析,方差分析工作的主要任务集中在样本数据的 F 值的计算上,因此前期的数据处理是重要的.

在实际中,一方面可以按照以下较简便的公式来计算 S_T,S_A 和 S_E. 记

$$T_{i.}=\sum_{j=1}^{n_i}x_{ij},i=1,2,\cdots,s\text{ ,第 }i\text{ 组数据的和(表 5-2).}$$

$$T_{..}=\sum_{i=1}^{s}\sum_{j=1}^{n_i}x_{ij}\text{ ,所有数据的总和.}$$

即有

$$\begin{cases} S_T=\sum_{i=1}^{s}\sum_{j=1}^{n_i}X_{ij}{}^2-\dfrac{T_{..}^2}{n}\xlongequal{\Delta}R-\dfrac{T_{..}^2}{n}, \\ S_A=\sum_{i=1}^{s}\dfrac{T_{i.}^2}{n_i}-\dfrac{T_{..}^2}{n}\xlongequal{\Delta}Q-\dfrac{T_{..}^2}{n}, \\ S_E=S_T-S_A. \end{cases} \tag{5-11}$$

另一方面,还可以在原始数据的基础上先借助于表格的形式,通过类如表 5-4 所示的方差分析计算表进行计算,以表达清晰,减少错误.

表 5-4 方差分析计算表

水平	n_i	$\sum x$	$\sum x^2$	$\dfrac{1}{n_i}\left(\sum x\right)^2$
A_1		$T_1.$		
A_2		$T_2.$		

续表

水平	n_i	$\sum x$	$\sum x^2$	$\frac{1}{n_i}\left(\sum x\right)^2$
⋮ A_s	⋮	⋮ $T_s.$		
总和	n	$T..$	R	Q

需要补充说明的是,当试验数据比较大时,为了简化计算可以将所有的数据 x_{ij} 都减去同一常数 C,然后再进行计算;容易证明,这样做最终不会改变 S_T,S_A 及 S_E 的值.

例 5.3　在例 5.1 中,需检验假设

$$H_0:\mu_1=\mu_2=\mu_3=\mu_4;\quad H_1:\mu_1,\mu_2,\mu_3,\mu_4 \text{ 不全相等}$$

给定 $\alpha=0.05$,完成这一假设检验.

解　$s=4,n_1=7,n_2=5,n_3=8,n_4=6,n=26.$

$$S_T=\sum_{i=1}^{s}\sum_{j=1}^{n_i}X_{ij}^2-\frac{T..^2}{n}=698953-\frac{4257^2}{26}=1957.12,$$

$$S_A=\sum_{i=1}^{s}\frac{T_i.^2}{n_i}-\frac{T..^2}{n}=697445.49-\frac{4257^2}{26}=443.61,$$

$$S_E=S_T-S_A=1513.51,$$

得方差分析表如下(表 5-5):

表 5-5　方差分析表

方差来源	平方和	自由度	均方和	F 比
因素 A	443.61	3	147.87	2.15
误差	1513.51	22	68.80	
总和	1957.12	25		

因 $F(3,22)=2.15<F_{0.05}(3,22)=3.05$,故接受 H_0,即认为 4 种生铁试样的热疲劳值无显著差异.

例 5.4　有三种不同材料制成的横梁,一种(A)是由钢制成,另外两种(B 和 C)分别由合金 B、合金 C 制成.为比较三种不同类型的横梁的强度,随机分别在各种横梁上加力使其弯曲,记录其弯曲量得到以下数据:

表 5-6　横梁的弯曲量

类型 A	类型 B	类型 C
79,84,87	77,74,75	77,79,78
82,85,86	78,76,82	79,79,82
83,86		

设三种横梁的弯曲量总体均为正态分布,各总体方差相同,参数均未知,各样本相互独立.试检验各类型横梁的弯曲量是否有显著性差异.

解 用 X_1, X_2, X_3 分别表示三种类型横梁的弯曲量,依题意

$$X_i \sim N(\mu_i, \sigma^2), \quad i = 1, 2, 3.$$

问题归结为判断假设 $H_0: \mu_1 = \mu_2 = \mu_3$ 是否成立.

为计算方便,先将所有的数据都减去 70,作方差分析计算表如下(表 5-7):

表 5-7 方差分析计算表

水平	n_i	$\sum x$	$\sum x^2$	$\dfrac{1}{n_i}\left(\sum x\right)^2$
A_1	8	112	1616	1568
A_2	6	42	334	294
A_3	6	54	500	486
总和	20	208	2450	2348

于是 $T.. = \sum\limits_{i=1}^{s}\sum\limits_{j=1}^{n_i} x_{ij} = 208, R = \sum\limits_{i=1}^{s}\sum\limits_{j=1}^{n_i} x_{ij}^2 = 2450, Q = \sum\limits_{i=1}^{s} \dfrac{1}{n_i}\left(\sum\limits_{j=1}^{n_i} x_{ij}\right)^2 = 2348.$

按 $S_T = R - \dfrac{T_{..}^2}{n}, S_A = Q - \dfrac{T_{..}^2}{n}, S_E = R - Q$,得方差分析表如下(表 5-8):

表 5-8 方差分析表

方差来源	平方和	自由度	均方和	F 比	显著性
因素	184.8	2	92.4	15.4	* *
误差	102	17	6		
总和	286.8	19			

因 $F_{0.05}(2, 17) = 3.59, F_{0.01}(2, 17) = 6.11, F = 15.4 > F_{0.01}(2, 17)$,故拒绝 H_0,认为这三个类型横梁的弯曲量的差异高度显著.

5.1.4 未知参数的估计

当假设 H_0 被拒绝时,意味着因素 A 的不同水平对试验指标的影响有着显著差异,这时候我们往往需要进一步地明确诸如"哪个水平的效应最大"、"如何在这个最优水平下,预测试验指标的值"等问题.这些问题通常涉及的是一般参数估计的知识.

拒绝 H_0,意味着效应 $\delta_1, \delta_2, \cdots, \delta_s$ 不全为零.由于 $\delta_i = \mu_i - \mu(i = 1, 2, \cdots, s)$,而 $\hat{\mu} = \overline{X}, \hat{\mu}_i = \overline{X}_i$ 分别是 μ 和 μ_i 的无偏估计,所以 $\hat{\delta}_i = \overline{X}_i - \overline{X}$ 是 δ_i 的无偏估计.

在某一个水平 A_i 下,因 $X_i \sim N(\mu_i, \sigma^2)$,要预测试验指标 X 的取值情况,通常

可对参数 μ_i 和 σ^2 做区间估计,其中对 σ^2 的估计可依据

$$\frac{S_E}{\sigma^2} \sim \chi^2(n-s) \tag{5-12}$$

进行.

除此以外,还可以对两个总体 $N(\mu_i, \sigma^2)$ 和 $N(\mu_j, \sigma^2)(i \neq j)$ 的均值差 $\mu_i - \mu_j = \delta_i - \delta_j$ 进行区间估计等等,这里就不一一赘述了.

例 5.5　在例 5.4 中续问:哪种材质的横梁弯曲量最大,其平均弯曲量的 95% 的置信区间是多少?

解　$\hat{\mu}_1 = \overline{X}_1 = 84$,　$\hat{\mu}_2 = \overline{X}_2 = 77$,　$\hat{\mu}_3 = \overline{X}_3 = 79$,　$\hat{\mu} = \overline{X} = 80.4$.

$\hat{\delta}_1 = \overline{X}_1 - \overline{X} = 3.6$,　$\hat{\delta}_2 = \overline{X}_2 - \overline{X} = -3.4$,　$\hat{\delta}_3 = \overline{X}_3 - \overline{X} = -1.4$.

可见,水平 A_1 对应的钢材料制成的横梁的强度显著偏大.

又 σ^2 的估计值 $\hat{\sigma}^2 = \dfrac{S_E}{n-s} = 6$,$\mu_1$ 的 95% 的置信区间为 $\left[\overline{X}_1 \pm \dfrac{\hat{\sigma}}{\sqrt{n_1}} z_{0.025} \right] =$

$(79.81, 84.16)$.

5.2　双因素方差分析

在很多实际问题中,影响试验结果的因素可能不止一个,而是两个或者更多个. 此时,要分析因素所起的作用,就要用到多因素方差分析. 对于多因素方差分析,数据量一般很大,而且除了每个因素的影响之外,还需要考虑不同因素之间的搭配问题,因而计算较复杂. 本节仅就两个因素的方差分析作一般简介.

当只有两个因素时,这两个因素的搭配对试验指标经常会产生一种额外的影响. 如表 5-9 中表示的两组试验结果,都有两个因素 A 和 B,每个因素各有两个水平:

表 5-9

(a)		
A \ B	A_1	A_2
B_1	400	450
B_2	430	480

(b)		
A \ B	A_1	A_2
B_1	400	450
B_2	430	560

在表 5-9(a) 中,无论 B 在什么水平(B_1 还是 B_2),水平 A_2 下的结果总比 A_1 下的高 50;同样地,无论 A 是什么水平,B_2 下的结果总比 B_1 下的高 30. 这说明 A 和 B 单独地各自影响试验结果,互相之间没有作用.

在表 5-9(b) 中,当 B 在不同的水平时,水平 A_2 与 A_1 下的结果相差的幅度有明显的变化,这表明 A 的作用与 B 所取的水平有关;类似地,当 A 处在不同的水平时,水平 B_2 与 B_1 的结果差分别为 30 和 110,表明 B 的作用与 A 所取的水平也

有关. 也就是说,A 和 B 不仅各自对结果有影响,而且它们的搭配方式也对结果有影响. 我们把这种影响称为因素 A 和 B 的**交互作用**,记作 $A \times B$. 在双因素试验的方差分析中,我们不仅要检验水平 A 和 B 的作用,还要检验它们的交互作用.

5.2.1 问题的背景

例 5.6 某化工原料,按 4 个不同的方案加入催化剂 A,同时按 3 个不同的方案加入催化剂 B,考察这两种催化剂对化工原料含脂率的影响. 现在这两种催化剂的 4×3 个不同方案组合下,各取得容量为 2 的样本:$X_{ij1}, X_{ij2}, i=1,2,3,4; j=1, 2,3$. 假定各种方案下的含脂率都服从正态分布,且方差相同,试分析这两种催化剂对含脂率是否有显著的影响.

这是一个典型的双因素试验. 问题可一般化叙述为:设有 A 和 B 两个因素作用于试验的指标,因素 A 有 r 个水平 $A_1, A_2, \cdots, A_r$,因素 B 有 s 个水平 $B_1, B_2, \cdots, B_s$. 现对因素 A、B 的水平的每个组合 $(A_i, B_j), i=1,2,\cdots,r; j=1,2,\cdots,s$ 都做 t 次试验,试验结果数据如表 5-10 所示.

表 5-10

因素 B / 因素 A	B_1	B_2	$\cdots$	B_s
A_1	$x_{111}, x_{112}, \cdots, x_{11t}$	$x_{121}, x_{122}, \cdots, x_{12t}$	$\cdots$	$x_{1s1}, x_{1s2}, \cdots, x_{1st}$
A_2	$x_{211}, x_{212}, \cdots, x_{21t}$	$x_{221}, x_{222}, \cdots, x_{22t}$	$\cdots$	$x_{2s1}, x_{2s2}, \cdots, x_{2st}$
$\vdots$	$\vdots$	$\vdots$		
A_r	$x_{r11}, x_{r12}, \cdots, x_{r1t}$	$x_{r21}, x_{r22}, \cdots, x_{r2t}$	$\cdots$	$x_{rs1}, x_{rs2}, \cdots, x_{rst}$

要求

(1) 检验因素 A 的 r 个水平对试验指标是否有显著影响;

(2) 检验因素 B 的 s 个水平对试验指标是否有显著影响;

(3) 检验因素 A, B 的 $r \times s$ 个水平组合对试验指标是否有显著影响.

在上述双因素试验中,若 $t=1$,则称为**非重复试验**;若 $t \geqslant 2$,则称为**等重复试验**. 对于非重复试验,因数据信息量少,一般不必(也无法)考虑两个因素间的交互作用对试验指标的影响,解决起来方法思想与等重复试验大致相似,但相对要简单的多. 这里我们将主要介绍等重复试验的情形.

5.2.2 等重复试验方差分析的数学模型

对于上述背景问题,我们把每个水平组合下的试验结果视为一个总体,这样共有 $r \times s$ 个总体 $X_{ij}, i=1,2,\cdots,r; j=1,2,\cdots,s$,它们相互独立且 $X_{ij} \sim N(\mu_{ij}, \sigma^2)$,其中 μ_{ij} 和 σ^2 均未知. 在每个总体 X_{ij} 下,又有简单随机样本 $(X_{ij1}, X_{ij2}, \cdots, X_{ijt})$,即 $X_{ijk} \sim N(\mu_{ij}, \sigma^2), k=1,2,\cdots,t; i=1,2,\cdots,r; j=1,2,\cdots,s$,且相互独立.

记

$$\mu_{i\cdot} = \frac{1}{s}\sum_{j=1}^{s}\mu_{ij}, \quad i=1,2,\cdots,r,$$

$$\mu_{\cdot j} = \frac{1}{r}\sum_{i=1}^{r}\mu_{ij}, \quad j=1,2,\cdots,s,$$

$$\mu = \frac{1}{rs}\sum_{i=1}^{r}\sum_{j=1}^{s}\mu_{ij},$$

称 μ 为总平均;

$$\delta_{ij} = \mu_{ij} - \mu, \quad i=1,2,\cdots,r;j=1,2,\cdots,s$$

为水平组合 $A_i \times B_j$ 对试验指标的效应;

$\delta_i^A = \mu_{i\cdot} - \mu, i=1,2,\cdots,r$ 为因素 A 的水平 A_i 对试验指标的效应;

$\delta_j^B = \mu_{\cdot j} - \mu, j=1,2,\cdots,s$ 为因素 B 的水平 B_j 对试验指标的效应.

易知 $\displaystyle\sum_{i=1}^{r}\delta_i^A = \sum_{j=1}^{s}\delta_j^B = \sum_{i=1}^{r}\sum_{j=1}^{s}\delta_{ij} = 0$.

又称 $\gamma_{ij} = \delta_{ij} - \delta_i^A - \delta_j^B$ 为水平 A_i 与 B_j 对试验指标的**交互效应**. 此时

$$\mu_{ij} = \mu + \delta_i^A + \delta_j^B + \gamma_{ij}.$$

这样,问题的数学模型可表示为

$$\begin{cases} X_{ijk} = \mu + \delta_i^A + \delta_j^B + \gamma_{ij} + \varepsilon_{ijk}, \quad k=1,\cdots,t,i=1,\cdots,r,j=1,\cdots,s, \\ \displaystyle\sum_{i=1}^{r}\delta_i^A = \sum_{j=1}^{s}\delta_j^B = \sum_{i=1}^{r}\gamma_{ij} = \sum_{j=1}^{s}\gamma_{ij} = 0, \end{cases} \tag{5-13}$$

其中 ε_{ijk} 为随机变量,独立同分布,且 $\varepsilon_{ijk} \sim N(0,\sigma^2)$.

要求:检验假设

$$\begin{cases} H_{01}:\delta_1^A = \delta_2^A = \cdots = \delta_r^A = 0, \\ H_{11}:\delta_1^A,\delta_2^A,\cdots,\delta_r^A \text{ 不全等于零}; \end{cases}$$

$$\begin{cases} H_{02}:\delta_1^B = \delta_2^B = \cdots = \delta_s^B = 0, \\ H_{12}:\delta_1^B,\delta_2^B,\cdots,\delta_s^B \text{ 不全等于零}; \end{cases} \tag{5-14}$$

$$\begin{cases} H_{03}:\gamma_{11} = \gamma_{12} = \cdots = \gamma_{rs} = 0, \\ H_{13}:\gamma_{11},\gamma_{12},\cdots,\gamma_{rs} \text{不全等于零}. \end{cases}$$

5.2.3　检验方差的思想

与单因素的情况类似,双因素方差分析的检验也是建立在总离差平方和的分解上的. 记

$$\overline{X} = \frac{1}{rst}\sum_{i=1}^{r}\sum_{j=1}^{s}\sum_{k=1}^{t}X_{ijk};$$

$$\overline{X}_{ij\cdot} = \frac{1}{t} \sum_{k=1}^{t} X_{ijk}, \quad i = 1, \cdots, r, j = 1, \cdots, s;$$

$$\overline{X}_{i\cdot\cdot} = \frac{1}{st} \sum_{j=1}^{s} \sum_{k=1}^{t} X_{ijk}, \quad i = 1, \cdots, r;$$

$$\overline{X}_{\cdot j\cdot} = \frac{1}{rt} \sum_{i=1}^{r} \sum_{k=1}^{t} X_{ijk}, \quad j = 1, \cdots, s.$$

又记

$$S_A = st \sum_{i=1}^{r} (\overline{X}_{i\cdot\cdot} - \overline{X})^2, \quad S_B = rt \sum_{j=1}^{s} (\overline{X}_{\cdot j\cdot} - \overline{X})^2, \tag{5-15}$$

$$S_{A\times B} = t \sum_{i=1}^{r} \sum_{j=1}^{s} (\overline{X}_{ij\cdot} - \overline{X}_{i\cdot\cdot} - \overline{X}_{\cdot j\cdot} + \overline{X})^2, \tag{5-16}$$

$$S_E = \sum_{i=1}^{r} \sum_{j=1}^{s} \sum_{k=1}^{t} (X_{ijk} - \overline{X}_{ij\cdot})^2, \tag{5-17}$$

$$S_T = \sum_{i=1}^{r} \sum_{j=1}^{s} \sum_{k=1}^{t} (X_{ijk} - \overline{X})^2, \tag{5-18}$$

其中 S_A, S_B 分别称为因素 A, B 的**效应平方和**, $S_{A\times B}$ 称为 A 与 B 的**交互效应平方和**, S_E 称为**误差平方和**, S_T 称为**总变差**.

于是,可有分解式

$$S_T = S_A + S_B + S_{A\times B} + S_E. \tag{5-19}$$

可以证明

当 H_{01} 为真时,有 $F_A = \dfrac{S_A/(r-1)}{S_E/rs(t-1)} \sim F(r-1, rs(t-1));$ \tag{5-20a}

当 H_{02} 为真时,有 $F_B = \dfrac{S_B/(s-1)}{S_E/rs(t-1)} \sim F(s-1, rs(t-1));$ \tag{5-20b}

当 H_{03} 为真时,有 $F_{A\times B} = \dfrac{S_{A\times B}/(r-1)(s-1)}{S_E/rs(r-1)} \sim F((r-1)(s-1), rs(t-1)).$

$$\tag{5-20c}$$

这样便可以分别根据 F_A, F_B 和 $F_{A\times B}$ 的分布,利用上 α 分位点分别建立起假设 H_{01}, H_{02} 和 H_{03} 的拒绝域. 例如,对给定的 $\alpha(0 < \alpha < 1)$,查出 $F_\alpha(r-1, rs(t-1))$ 的值,计算出 F_A 的实测值,若 $F_A > F_\alpha(r-1, rs(t-1))$,就拒绝 H_{01},认定因素 A 对试验指标的影响显著;其他类似.

5.2.4 应用举例

在具体应用时,双因素方差分析的数据计算工作量较大,为计算 $S_A, S_B, S_{A\times B}$, S_E 和 S_T,可以采用如下的简便公式:

$$\begin{cases} S_T = W - \dfrac{1}{rst}T_{\cdots}^2, \\[2mm] S_A = \dfrac{1}{st}\displaystyle\sum_{i=1}^{r} T_{i\cdots}^2 - \dfrac{1}{rst}T_{\cdots}^2, \\[2mm] S_B = \dfrac{1}{rt}\displaystyle\sum_{j=1}^{s} T_{\cdot j\cdot}^2 - \dfrac{1}{rst}T_{\cdots}^2, \\[2mm] S_{A\times B} = \dfrac{1}{t}\displaystyle\sum_{i=1}^{r}\sum_{j=1}^{s} T_{ij\cdot}^2 - \dfrac{1}{rst}T_{\cdots}^2 - S_A - S_B, \\[2mm] S_E = S_T - S_A - S_B - S_{A\times B}, \end{cases} \tag{5-21}$$

其中 $T_{\cdots} = \displaystyle\sum_{i=1}^{r}\sum_{j=1}^{s}\sum_{k=1}^{t} X_{ijk}$, $W = \displaystyle\sum_{i=1}^{r}\sum_{j=1}^{s}\sum_{k=1}^{t} X_{ijk}^2$, $T_{ij\cdot} = \displaystyle\sum_{k=1}^{t} X_{ijk}$, $i=1,\cdots,r; j=1,\cdots,$ s, $T_{i\cdots} = \displaystyle\sum_{j=1}^{s}\sum_{k=1}^{t} X_{ijk}$, $i=1,\cdots,r$, $T_{\cdot j\cdot} = \displaystyle\sum_{i=1}^{r}\sum_{k=1}^{t} X_{ijk}$, $j=1,\cdots,s$.

可将各个平方和的结果汇总,形成如下方差分析表(表 5-11):

表 5-11　双因素试验方差分析表

方差来源	平方和	自由度	均方	F 比	显著性
因素 A	S_A	$r-1$	$\overline{S}_A = S_A/(r-1)$	$F_A = \overline{S}_A/\overline{S}_E$	
因素 B	S_B	$s-1$	$\overline{S}_B = S_B/(s-1)$	$F_B = \overline{S}_B/\overline{S}_E$	
交互作用 $A\times B$	$S_{A\times B}$	$(r-1)(s-1)$	$\overline{S}_{A\times B} = \overline{S}_A = S_{A\times B}/(r-1)(s-1)$	$F_{A\times B} = \overline{S}_{A\times B}/\overline{S}_E$	
误差	S_E	$rs(t-1)$	$\overline{S}_E = S_E/rs(t-1)$		
总和	S_T	$rst-1$			

例 5.7　在某种金属材料的生产过程中,对热处理温度(因素 B)和时间(因素 A)各取两个水平,产品强度的测定结果(相对值)如表 5-12 所示. 在同一条件下每个试验重复两次,设各水平搭配下强度的总体服从正态分布且方差相同,各样本独立. 问热处理温度、时间以及这两者的交互作用对产品强度是否有显著的影响?

表 5-12　金属材料的强度

A ＼ B	B_1	B_2	$\sum$
A_1	38.0 ,38.6	47.0,44.8	168.4
A_2	45.0,43.8	42.4,40.8	172
$\sum$	165.4	175	340.4

解　记 X_{ij} 分别为第 i 种时间和第 j 种温度条件下产品的强度,则问题模型为

$$X_{ijk} = \mu + \delta_i^A + \delta_j^B + \gamma_{ij} + \varepsilon_{ijk}, \quad k=1,\cdots,t; i=1,\cdots,r; j=1,\cdots,s,$$

其中 ε_{ijk} 为随机变量,独立同分布,且 $\varepsilon_{ijk} \sim N(0, \sigma^2)$, $r=2, s=2, t=2$.

为简化计算,先将所有数据都减去 40,新的数据表如下(表 5-13):

表 5-13

A \ B	B_1	$\sum$	B_2	$\sum$	$\sum$
A_1	-2 -1.4	-3.4	7 4.8	11.8	8.4
A_2	5 3.8	8.8	2.4 0.8	3.2	12
$\sum$		5.4		15	20.4

由此

$$T_{\cdots} = \sum_i \sum_j \sum_k X_{ijk} = 20.4, \quad \frac{1}{rst} T_{\cdots}^2 = 52.02,$$

$$\frac{1}{t} \sum_i \sum_j T_{ij\cdot}^2 = \frac{1}{2}[(-3.4)^2 + 11.8^2 + 8.8^2 + 3.2^2] = 119.24,$$

$$\frac{1}{st} \sum_i T_{i\cdot\cdot}^2 = \frac{1}{4}(8.4^2 + 12^2) = 53.64, \quad \frac{1}{rt} \sum_j T_{\cdot j\cdot}^2 = \frac{1}{4}(5.4^2 + 15^2) = 63.54,$$

$$W = \sum_i \sum_j \sum_k X_{ijk}^2 = 123.84.$$

于是 $S_A = 1.62$, $S_B = 11.52$, $S_{A \times B} = 54.08$, $S_E = 4.6$ 和 $S_T = 71.82$.

做方差分析表如下(表 5-14):

表 5-14　方差分析表

方差来源	平方和	自由度	均方和	F 比	显著性
因素 A	1.62	1	1.62	1.4	
因素 B	11.52	1	11.52	10	$*$
交互作用 $A \times B$	54.08	1	54.08	47	$**$
误差	4.6	4	1.15		
总和	71.82	7			

查表得 $F_{0.05}(1,4) = 7.71$, $F_{0.01}(1,4) = 21.2$,所以认为时间对强度的影响不显著,而温度的影响显著,且交互作用的影响特别显著.

目前,已有若干计算机应用软件具有很好的统计分析功能,可以帮助我们进行复杂的数据处理甚至直接进行方差分析计算.例如,在 Excel 中就配置有专门的方差分析工具,将试验数据输入工作表后,点开工具栏,按要求填好必要的参数,就能够很快捷地输出方差分析表,非常方便、实用(7.4 节).

5.3 正交试验设计

5.3.1 试验设计概述

数理统计学的主要任务之一就是通过对样本资料的分析对总体的特征作出科学的推断,它对样本资料在代表性和独立性方面有着较强的要求;同时在多因素对比试验等很多情况下试验次数的巨大也使得我们必须要考虑经济性和可行性的问题.因此,作为数理统计学的一个分支,研究如何利用数学和统计学的方法科学合理地安排试验方案,以便能减轻随机因素的干扰,用较少的样本获得较多的信息,提高试验结果的精度和可靠度的学科——统计试验设计应运而生.

试验设计是 20 世纪初期由英国统计学家 R. A. Fisher 提出并最先应用于农业和生物学方面的.当时,针对在农业种植中如何提高农作物的单位面积产量的问题,需要进行品种对比、施肥对比等单因素、多因素对比试验;针对如何能用较少的试验次数获得尽可能多的信息、如何使得对比试验更有说服力等问题,Fisher 等做了许多的研究.20 世纪 40 年代末期开始,随着科学技术水平的不断提高,统计学家相继发现了很多非常有效的试验设计技术,试验设计方法得到非常广泛的应用.例如,20 世纪 60 年代,日本统计学家田口玄一将试验设计中应用最广的正交设计表格化,使得正交设计法简便易懂,在日本全国得到大力普及和推广应用,产生了巨大的经济效益;再如,由我国数学家方开泰、王元 1978 年创立的均匀设计法是一种较正交设计等传统方法效力更强的试验设计方法,已在国内外如航天、化工、制药、材料、汽车等领域得到广泛的应用.

正交试验设计是处理多因素、多水平试验的一种有效的方法.它利用一种规格化的数表——正交表,从全面试验中挑选出部分有代表性的点进行试验,这些有代表性的点具备"均匀分散、齐整可比"的特点,不仅使试验次数大大减少,还便于进行进一步的统计分析.

在试验中,根据试验目的而确定的衡量试验结果的特征量称为**指标**.它可以是产品的质量参数(如重量、尺寸、速度、温度、寿命等),也可以是成本、效率等,按其性质来分可分为定性指标和定量指标两类.通常我们研究的是定量指标.

影响试验指标的试验条件(要素或原因)称为**因素**(或**因子**),因素在试验中所处的各种状态称为因素的**水平**.在试验中可以人为地加以调节和控制的因素称为可控因素.由于自然、技术和设备等条件的限制,暂时还不能为人们控制和调节的因素(如气温、降雨量等)称为不可控因素.在正交试验中所考察的因素都是指可控因素,通常用大写英文字母 $A, B, C, \cdots$ 表示.在试验中往往要考虑某因素的多种状态,考虑几个状态,就称该因素为几水平因素.本章中,为简化讨论我们只考虑各种不同因素的水平数相同的情况.

例 5.8 为提高某化工产品的转化率,选取了三个有关因素做试验:反应温度

(A),反应时间(B),两种原料的配比(C).根据以往的经验,对每个因素分别取了三个不同的水平,如表 5-15 所示.问:应如何安排试验?

表 5-15

因素 \ 水平	1	2	3
A:反应温度/℃	60	70	80
B:反应时间/h	2.5	3.0	3.5
C:原料配比	1.1：1	1.15：1	1.2：1

该试验共有三个因素,每个因素均有三个水平.

如果采取全面试验法,也就是对每个水平搭配都至少做一次试验,那么总共就至少要做 $3^3 = 27$ 次试验.而采用正交试验设计法,如果不考虑交互作用则最少只需要做 9 次试验.

总之,一个精心设计的试验是我们认识世界的有效方法.工程实际中最常见的试验设计方法,除正交试验设计法之外,还有析因试验设计法、区组设计法、最优回归设计法等.本节将主要介绍正交试验设计法.

5.3.2 正交表

正交表是一种专门用于安排多因素多水平试验的特殊表格.正交表用符号 $L_n(r^m)$ 表示,其中字母 L 表示正交表,其他 3 个字母表示 3 个正整数,各自有如下含义.

n:表示试验的次数,也是正交表的行数;

m:表示试验最多可安排的因素的个数,也是正交表的列数;

r:表示各因素的水平数.

例如,表 5-16 中是两张常用的正交表 $L_8(2^7)$ 和 $L_9(3^4)$.

表 5-16

(a)正交表 $L_8(2^7)$

试验号 \ 列号	1	2	3	4	5	6	7
1	1	1	1	1	1	1	1
2	1	1	1	2	2	2	2
3	1	2	2	1	1	2	2
4	1	2	2	2	2	1	1
5	2	1	2	1	2	1	2
6	2	1	2	2	1	2	1
7	2	2	1	1	2	2	1
8	2	2	1	2	1	1	2

(b)正交表 $L_9(3^4)$

试验号 \ 列号	1	2	3	4
1	1	1	1	1
2	1	2	2	2
3	1	3	3	3
4	2	1	2	3
5	2	2	3	1
6	2	3	1	2
7	3	1	3	2
8	3	2	1	3
9	3	3	2	1

正交表具有如下基本特点：

(1) 表中任一列中,不同数字出现的次数相同. 例如,在表 $L_8(2^7)$ 中,数字 $1,2$ 在每列中均出现 4 次.

(2) 表中任两列,其横向形成的有序数对出现的次数相同. 例如,表 $L_8(2^7)$ 中任意两列,数字 $1,2$ 间的搭配是均衡的.

凡满足上述两个性质的表都称为**正交表**. 显然,并非对任何的正整数 n,m,r 的组合都能构造出有如此特性的数表. 常用的正交表,2 水平的有 $L_4(2^3)$, $L_8(2^7)$, $L_{12}(2^{11})$, $L_{16}(2^{15})$ 等,3 水平的有 $L_9(3^4)$, $L_{27}(3^{13})$, 还有 3 水平以上的,如 $L_{16}(4^5)$, $L_{25}(5^6)$ 等等,可参见附表 9. 一般正交表 $L_n(r^m)$ 中, $n=m(r-1)+1$.

用正交表来安排试验的方法,称为**正交试验设计**.

在多因素试验中,如果需要考虑因素间的交互作用,还应当在正交表中安置交互作用列,以便于作进一步的分析. 出于进一步的方差分析的要求和正交表本身结构的特点,每两个因素的交互作用需要安置在恰当的位置上,为此,每一个正交表都配有自己的交互作用表,以明确交互作用列的相应位置. 参见附表 9.

例如,表 5-17 是正交表 $L_8(2^7)$ 的交互作用表.

表 5-17　$L_8(2^7)$ 的交互作用表

列＼列	1	2	3	4	5	6	7
	(1)	3	2	5	4	7	6
		(2)	1	6	7	4	5
			(3)	7	6	5	4
				(4)	1	2	3
					(5)	3	2
						(6)	1
							(7)

例如,要确定 $L_8(2^7)$ 中第(2)、(5)两列的交互作用可查此表,先在对角线上查出列号(2)及(5),然后从(2)向右横看与从(5)向上竖看交叉处是数字"7",就是说,第(2)、(5)两列的交互作用列为第 7 列.

关于正交表的构造问题及结构特点,有专门的相关论著给予介绍,有兴趣的读者可进一步查阅.

5.3.3　正交试验设计的基本方法

正交试验设计包含两个内容：

(1)怎样安排试验方案；(2)如何分析试验结果.

1. 使用正交表安排试验

利用正交表安排试验,具体可分为:选表、表头设计和安排试验三个环节.

选表 指的是根据问题的情况和需要,选用规格合适的正交表.通常是先根据因素的水平数,确定正交表的类型(用几水平的表);然后再根据因素(含交互作用)数,决定选用多大的表.一般来说,要选用其列数大于或等于因素个数,而试验次数又较少的正交表.例如,在例 5.8 中,因诸因素的水平数都是 3,所以要选用 $L_n(3^m)$型表,这时,有 $L_9(3^4)$ 和 $L_{27}(3^{13})$ 可以备选;又因共有 3 个因素,所以若不考虑交互作用,可选用 $L_9(3^4)$;若考虑所有因素间的交互作用,则应选用 $L_{27}(3^{13})$.

表头设计 指的是将因素分别安排在所选的正交表的适当的列号上方.其基本原则是同一列上至多只安排一个因素.当不考虑交互作用时,诸因素可以随机被安排在任一列上的;但若考虑某两个因素的交互作用时,安排好这两个因素后,必须紧接着按照相应的交互作用表安排好它们的交互作用列.

安排试验 就是按照正交表中所列的水平号的组合安排实施试验.在实际应用中,为了减少试验中由于先后掌握不匀所带来的干扰以及外界条件所引起的系统误差,试验可以不按照表上的试验序号顺序进行,而是任意打乱顺序,随机地安排先后次序.

例 5.9 在例 5.8 中,不考虑交互作用,试利用正交表为之安排试验.

解 由于各因素的水平都是 3,故考虑 $L_n(3^m)$型表;又共有三个因素 A,B,C,共需 3 个列,故选用正交表 $L_9(3^4)$.所以表头设计方案为

列号	1	2	3	4
因素	A	B	C	

这样,依据 $L_9(3^4)$,试验方案可安排如表 5-18 所示.

表 5-18 试验方案

试验号 \ 因素	反应温度 A	反应时间 B	原料配比 C	试验结果/%
1	1(60℃)	1(2.5h)	1(1.1∶1)	38
2	1(60℃)	2(3.0h)	2(1.15∶1)	37
3	1(60℃)	3(3.5h)	3(1.2∶1)	76
4	2(70℃)	1(2.5h)	2(1.15∶1)	51
5	2(70℃)	2(3.0h)	3(1.2∶1)	50
6	2(70℃)	3(3.5h)	1(1.1∶1)	82
7	3(80℃)	1(2.5h)	3(1.2∶1)	44
8	3(80℃)	2(3.0h)	1(1.1∶1)	55
9	3(80℃)	3(3.5h)	2(1.15∶1)	86

2. 正交试验结果的直观分析

正交试验设计的直观分析就是要结合简单计算,将各因素、水平对试验结果指标的影响大小,通过极差分析,综合比较,确定出最优的水平组合. 有时也称为**极差分析法**.

例如,例 5.9 中的试验结果转化率列在表 5-18 中的最右边一列中. 直接观察知,在 9 次试验中,以第 9 次试验的指标 86 为最高,其生产条件是 $A_3B_3C_2$. 但它是否就是我们要选的最优水平搭配呢? 可以做如下进一步分析.

用 $k_i(i=1,2,\cdots,r)$ 表示各列中 i 水平对应的各次试验结果之和,如例 5.9 中的第一列的

$$k_1=38+37+76=151,\quad k_2=51+50+82=183,\quad k_3=44+55+86=185.$$

k_i 的大小大致反映了该列所对应因素的第 i 水平对试验指标的“贡献”大小. 再用 R 表示各列中最大的 k_i 减去最小的 k_i 得到的差,称之为**极差**,它反映了该列因素的水平变化对试验结果的影响大小,R 越大,说明这一因素对试验结果的影响越大.

对于例 5.9,上述计算结果列于表 5-19 中.

表 5-19

k_1	151	133	175	
k_2	183	142	174	$\sum = 519$
k_3	185	244	170	
R	34	111	5	

按照极差的大小顺序,可以排出因素的主次顺序为 $B \to A \to C$(主→次). 由此说明,因素 B 也即反应时间在三个因素中尤为重要.

选择较好的因素水平搭配与所要求的指标有关. 若试验指标要求越大越好,则应选取指标大的水平;反之,若希望试验指标越小越好,应选取指标小的水平. 在例 5.9 中,希望转化率越高越好,所以应在第 1 列选最大的 $k_3=185$ 所对应的水平,即取水平 A_3;同理可选 B_3C_1. 故此,较好的水平搭配应是 $A_3B_3C_1$.

注　如果我们分析得到的较优水平组合不包括在已做的 9 次试验中,通常还需要做验证试验,也即将所得的较优水平组合的条件与已有做的 9 次试验中结果较好的条件同时验证,以确定优劣.

例 5.10　某橡胶配方考虑因素水平表如下:

水平＼因素	促进剂总量 A	炭、墨品种 B	硫磺粉量 C
1	1.5	甲	2.5
2	2.5	乙	2.0

试验指标为橡胶的抗弯曲次数(越多越好),要求考虑三因素间的交互作用,问至少需要做多少次试验,并安排好试验方案.

解 由于各因素的水平都是 2,故考虑 $L_n(2^m)$ 型表;又共有三个因素 A,B,C,加 3 个交互作用共 6 个因子需要至少 6 列,故选用正交表 $L_8(2^7)$. 参照相应的交互作用表,表头设计方案为

列号	1	2	3	4	5	6	7
因子	A	B	$A\times B$	C	$A\times C$	$B\times C$	

故按照这一设计,至少需要做 8 次试验,试验方案如表 5-20 所示.

表 5-20 试验方案

试验号 \ 因素	促进剂总量 A	炭、墨品种 B		硫磺粉量 C			试验结果(%)
1	1(1.5)	1(甲)		1(2.5)			
2	1(1.5)	1(甲)		2(2.0)			
3	1(1.5)	2(乙)		1(2.5)			
4	1(1.5)	2(乙)		2(2.0)			
5	2(2.5)	1(甲)		1(2.5)			
6	2(2.5)	1(甲)		2(2.0)			
7	2(2.5)	2(乙)		1(2.5)			
8	2(2.5)	2(乙)		2(2.0)			

例 5.11 (续例 5.10)如果按例 5.10 所给方案实施试验,所得试验结果(弯曲次数 y_i)按试验号顺序对应依次为(单位:万次):1.5 2.0 2.0 1.5 2.0 3.0 2.5 2.0;试用极差分析法对该结果做出分析,并确定最佳工艺条件.

解 完善表 5-20 并将试验结果对号填入,再进行各列的极差计算,如表 5-21 所示.

表 5-21 分析计算表

试验号 \ 因素	促进剂总量 A	炭、墨品种 B	交互作用 $A\times B$	硫磺粉量 C	交互作用 $A\times C$	交互作用 $B\times C$	试验结果(万次)
1	1(1.5)	1(甲)	1	1(2.5)	1	1	1.5
2	1(1.5)	1(甲)	1	2(2.0)	2	2	2.0
3	1(1.5)	2(乙)	2	1(2.5)	1	2	2.0
4	1(1.5)	2(乙)	2	2(2.0)	2	1	1.5
5	2(2.5)	1(甲)	2	1(2.5)	2	1	2.0
6	2(2.5)	1(甲)	2	2(2.0)	1	1	3.0
7	2(2.5)	2(乙)	1	1(2.5)	2	2	2.5

续表

试验号 \ 因素	促进剂总量 A	炭、墨品种 B	交互作用 $A\times B$	硫磺粉量 C	交互作用 $A\times C$	交互作用 $B\times C$	试验结果（万次）
8	2(2.5)	2(乙)	1	2(2.0)	1	1	2.0
k_1	7	8.5	8	8	8.5	7	
k_2	9.5	8	8.5	8.5	8	9	$\sum y_i = 16.5$
k_1-k_2	−2.5	0.5	−0.5	−0.5	0.5	−2.5	

可见因素 A 与交互作用 $B\times C$ 的极差 $|k_1-k_2|$ 明显最大，说明它们对试验指标的影响最为显著；由于因素 A 的 k_2 大于 k_1，故应选第 2 水平 A_2. 由于 $B\times C$ 重要，此时不能分别单独考虑因素 B 与 C 的情况，而应把它们的不同水平组合的试验结果进行比较，看哪一组合最好. B 与 C 的不同水平共有四个组合，如在第一组合 B_1C_1 下，共对应第 1 号和第 5 号试验两个试验结果，分别是 1.5 和 2.0，它们的平均值为 1.75；同理，可得到其他三个组合试验结果的平均值分别为 B_1C_2：2.5，B_2C_1：2.25，B_2C_2：1.75. 比较可知，组合 B_1C_2 最佳.

综上分析，我们得到最佳工艺条件应为 $A_2B_1C_2$.

注　表 5-21 中交互作用所在列的水平数虽然对试验方案不产生任何影响，但对试验结果的分析却尤为重要，这一点在下面的方差分析中也很明显.

3. 正交试验结果的方差分析

上述直观分析法简单易懂，应用方便. 运用这种简便的方法，生产实际中的一般问题通常能得到处理. 但直观分析法不能估计试验过程中以及试验结果测定中所存在的误差的大小，因而不能区分某个因素水平所对应的试验结果间的差异究竟是真正由因素水平不同所引起的，还是由试验误差所引起的，因此不能确知分析的精度. 为了弥补这些不足，可以采用方差分析的方法进行深入的统计分析，具体就是通过对试验结果的总离差平方和的分解与分析，检验各因素、各交互作用对试验指标的影响是否显著.

这里，试验（结果）数据的总离差平方和

$$S_T = \sum_{i=1}^{n}(y_i-\bar y)^2 = \sum_{i=1}^{n}y_i^2 - \frac{1}{n}\left(\sum_{i=1}^{n}y_i\right)^2, \tag{5-22}$$

类似一般的方差分析，可以把它分解成

$$S_T = S_A + S_B + S_{A\times B} + \cdots + S_e, \tag{5-23}$$

其中 S_j 为因子 j（包括交互作用）相应的离差平方和. 若记 k_{ij} 为因子 j 的第 i 水平的所有试验结果之和，r 为各因子的水平数，则有

$$S_j = \frac{r}{n} \sum_{i=1}^{r} k_{ij}^2 - \frac{1}{n} \left(\sum_{i=1}^{n} y_i \right)^2. \tag{5-24}$$

特别地, 当 $r=2$ 时有

$$S_j = \frac{1}{n} (k_{1j} - k_{2j})^2 = \frac{1}{n} R_j^2, \tag{5-25}$$

式中 $R_j = \max_i \{k_{ij}\} - \min_i \{k_{ij}\}$ 就是前面我们定义的第 j 列的极差, 也称为因子 j 的**效应**.

正交试验结果的方差分析属于多因素的方差分析问题, 问题的假设类同式 (5-14), 而检验的理论依据则类同于式 (5-20), 也即

$$F_j = \frac{S_j / f_j}{S_e / f_e} \sim F(f_j, f_e), \quad j=1,2,\cdots, \tag{5-26}$$

其中, f_j 和 f_e 分别为 S_j 和 S_e 的自由度, $f_j = r-1$, f_e 则等于 S_T 的自由度 (总试验次数 -1) 减去 $\sum f_j$.

以下通过例子来说明具体的检验过程.

例 5.12 (续例 5.11) 利用方差分析法对例 5.11 给出的试验结果作出分析, 并确定最佳工艺条件.

解 在表 5-21 的基础上继续加行运算, 如表 5-22 所示.

表 5-22 分析计算表

因素 试验号	促进剂 总量 A	炭、墨品 种 B	交互作用 $A \times B$	硫磺粉 量 C	交互作用 $A \times C$	交互作用 $B \times C$	试验结果 (万次)
1	1(1.5)	1(甲)	1	1(2.5)	1	1	1.5
2	1(1.5)	1(甲)	1	2(2.0)	2	2	2.0
3	1(1.5)	2(乙)	2	1(2.5)	1	2	2.0
4	1(1.5)	2(乙)	2	2(2.0)	2	1	1.5
5	2(2.5)	1(甲)	2	1(2.5)	2	1	2.0
6	2(2.5)	1(甲)	2	2(2.0)	1	2	3.0
7	2(2.5)	2(乙)	1	1(2.5)	2	2	2.5
8	2(2.5)	2(乙)	1	2(2.0)	1	1	2.0
k_{1j}	7	8.5	8	8	8.5	7	
k_{2j}	9.5	8	8.5	8.5	8	9	$\sum y_i = 16.5$
$k_{1j} - k_{2j}$	-2.5	0.5	-0.5	-0.5	0.5	-2.5	
$S_j = \frac{1}{8}(k_{1j}-k_{2j})^2$	0.78125	0.03125	0.03125	0.03125	0.03125	0.78125	$\sum y_i^2 = 35.75$

进而

$$S_T = \sum_{i=1}^{n} y_i^2 - \frac{1}{n} \left(\sum_{i=1}^{n} y_i \right)^2 = 35.75 - \frac{1}{8} \times (16.5)^2 = 1.71875,$$

$$S_e = S_T - S_A - S_B - S_C - S_{A \times B} - S_{A \times C} - S_{B \times C} = 0.03125.$$

　　为了避免因方差分解过细而导致 F 值相对偏小的情况以提高精度,可以把其中 F 值明显偏小的因子,如 $S_{A \times B}, S_{A \times C}$ 合并到 S_e 中再进行分析. 作方差分析表如表 5-23.

表 5-23　方差分析表

方差来源	平方和	自由度	均方	F 比	显著性
A	$S_A = 0.78125$	1	0.78125	25	*
B	$S_B = 0.03125$	1	0.03125	1	
C	$S_C = 0.03125$	1	0.03125	1	
$B \times C$	$S_{B \times C} = 0.78125$	1	0.78125	25	*
误差	$S_e = 0.09375$	3	0.03125		
总和	$Q_T = 1.71875$	7			

查表知 $F_{0.05}(1,3) = 10.1, F_{0.01}(1,3) = 34.1$,所以认为炭、墨品种和硫磺粉量两个因素对橡胶抗弯曲次数的影响不显著,而促进剂总量的影响比较显著,炭、墨品种和硫磺粉量的交互作用的影响也比较显著.

习　题　5

　　1. 灯泡厂用 4 种不同的材料制成灯丝,检验灯丝材料这一因素对灯泡寿命的影响,若灯泡寿命服从正态分布,不同材料的灯丝制成的灯泡寿命的方差相同,试根据下表中的试验结果记录,在显著性水平 $\alpha = 0.05$ 下检验灯泡寿命是否因灯丝材料不同而显著差异?

试验批号 灯丝材料水平	1	2	3	4	5	6	7	8
A_1	1600	1610	1650	1680	1700	1720	1800	
A_2	1580	1640	1640	1700	1750			
A_3	1460	1550	1600	1620	1640	1660	1740	1820
A_4	1510	1520	1530	1570	1600	1680		

　　2. 将抗生素注入人体会产生抗生素与血浆蛋白质结合的现象,以致减少了药效,下表列出 5 种常用的抗素注入牛的体内时,抗生素与血浆蛋白质结合的百分比.

青霉素	四环素	链霉素	红霉素	氯霉素
29.6	27.3	5.8	21.6	29.2
24.3	32.6	6.2	17.4	32.8
28.5	30.8	11.0	18.3	25.0
32.0	34.8	8.3	19.0	24.2

试在显著水平 $\alpha = 0.05$ 下检验这些百分比的均值有无显著性差异.

3. 下表给出某种化工过程在三种浓度、四种温度水平下得到的数据:

温度(因素 B)/℃ 浓度因素 A/(%)	10	24	38	52
2	14 10	11 11	13 9	10 12
4	9 7	10 8	7 11	6 10
6	5 11	13 14	12 13	14 10

试在显著性水平 $\alpha=0.05$ 下检验:在不同浓度下得到的均值是否有显著差异,在不同温度下得到的均值是否有显著差异,交互作用的效果是否显著.

4. 试按照你自己的理解,阐述方差分析的方法思想(用字 50~100).

5. 试用 Excel 软件分析第 1 题,并写出操作步骤和输出结果(方差分析表).

6. 研究氯乙醇胶在各种硫化系统下的性能(油体膨胀绝对值越小越好)需要考察补强剂(A)、防老剂(B)、硫化剂(C)3 个因素(各取 3 个水平),根据专业理论和经验,交互作用全忽略,根据选用 $L_9(3^4)$ 表做 9 次试验及试验结果见下表:

因素 试验号	A	B	C		试验结果
1	1	1	1	1	7.25
2	1	2	2	2	5.48
3	1	3	3	3	5.35
4	2	1	2	3	5.40
5	2	2	3	1	4.42
6	2	3	1	2	5.90
7	3	1	3	2	4.68
8	3	2	1	3	5.90
9	3	3	2	1	5.63

(1) 试作最优生产条件的直观分析,并对 3 因素排出主次关系.

(2) 给定 $\alpha=0.05$,作方差分析与(1)比较.

7. 某农科站进行早稻品种试验(产量越多越好),需要考查品种(A)、施氮肥量(B)、氮磷钾肥比例(C)、插植规格(D)4 个因素,根据专业理论和经验,交互作用全忽略,早稻试验方案及结果分析见下表:

因素 试验号	A 品种	B 施氮肥量	C 氮磷钾肥比例	D 插植规格	试验指标 产量
1	1(科 6 号)	1(20)	1(2:2:1)	1(5×6)	19.0
2	1	2(25)	2(3:2:3)	2(6×6)	20.0

续表

因素 试验号	A 品种	B 施氮肥量	C 氮磷钾肥比例	D 插植规格	试验指标 产量
3	2(科 5 号)	1	1	2	21.9
4	2	2	2	1	22.3
5	1(科 7 号)	1	2	1	21.0
6	1	2	1	2	21.0
7	2(珍珠矮)	1	2	2	18.0
8	2	2	1	1	18.2

（1）试作出最优生产条件的直观分析，并对 4 因素排出主次关系；

（2）给定 $\alpha=0.05$，作方差分析，与（1）比较.

8. 简述正交试验设计的基本思想及其优点.

第6章 回归分析

客观世界中的许多变量之间的关系是所谓的相关关系,比如,人的身高与体重之间的关系,不同身高的人,体重可以相差很远,但即使身高相同的人,体重往往也不尽相同. 类似地,再如农业生产中各种肥料的施肥量与农作物产量之间的关系,化学试验中反应温度与反应时间之间的关系等. 这种关系虽然具有某种不确定性,无法用一个确切的数学表达式表示出来,但通过对它们的不断观察,也可以探索它们之间关系的统计规律性. 回归分析就是研究这种统计规律的一种数学方法,它的基本思想就是基于我们所获得一组试验数据,寻求一种较合适的定量的数学关系式(函数)来代替相关关系,并使其达到理想的近似程度,用以预测、推断、控制因变量的变化趋势.

6.1 一元线性回归

实际应用中最简单的问题是两个自变量的情形. 若已知变量 Y 和 X 之间具有相关关系,也就是说,X 的变化会引起 Y 的变化,但它们的对应关系是不确定的,即对应 X 的每一个固定的取值 x,Y 对应有多个可能的取值. 为了研究 Y 和 X 的关系,我们可以人为地控制或精确观察变量 X 的取值为 $x_1, x_2, \cdots, x_n$,通过试验获得变量 Y 的相应取值 $y_1, y_2, \cdots, y_n$. 这里称 X 为**可控制变量**,常常不把它看成是随机变量而直接看成是普通变量,就记为 x;Y 称为**响应变量**,它是随机变量. 一般情况下,Y 与 x 间的依存关系受随机干扰和随机误差的影响,使之不能完全确定;对于 x 的每一个确定值,随机变量 Y 会具有一定的分布,这个分布是随着 x 的取值不同而变化的,因此可以记为 $F(y|x)$. 如果我们掌握了 $F(y|x)$ 随着 x 的取值而变化的规律,也就能完全掌握 Y 和 x 之间的关系了,然而这往往是比较困难和复杂的. 作为一种近似,我们转而考察 Y 的数学期望 $E(Y)$,也即考察 Y 取值的平均变化趋势. 若 $E(Y)$ 存在,则其值也是随 x 的取值变化而改变,也是 x 的函数,将其记为 $f(x)$. 记 $\varepsilon = Y - f(x)$,表示不可观察的随机误差,一般情况下它也是随着 x 的取值不同而变化的随机变量,为方便研究我们进一步假设它的分布与 x 无关. 这样,我们便可以将 Y 表示为

$$Y = f(x) + \varepsilon,$$

其中 ε 的均值为 0. 利用概率论的知识分析可知,这里的一元函数 $f(x)$ 在很大的

程度上描述了 Y 和 X 间的相关关系,称为**回归函数**.

研究 Y 和 X 之间的相关关系的首要任务就是基于 n 次独立观察得到的试验数据对 $(x_1,y_1),(x_2,y_2),\cdots,(x_n,y_n)$ 去估计这个未知的函数 $f(x)$.

6.1.1　数学模型

粗略地了解 Y 和 X 间的关系的一个简单而直观的方法,是将每一对数据 (x_k, y_k) 作为一个点的坐标,将它们在平面直角坐标系标出来,所得的图称为散点图,如图 6-1 所示.

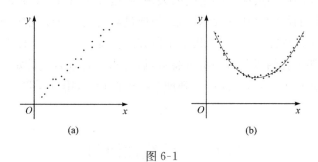

图 6-1

在图 6-1(a)中可以看出散点大致地围绕一条直线散布,而图 6-1(b)中的散点大致地围绕一条抛物线散布,这就是变量间相关关系的统计规律性的一种表现. 如果图中的点像图 6-1(a)那样呈直线状,则意味着 Y 和 x 之间可能有线性相关关系,相应的回归函数 $f(x)$ 应为线性函数,于是可以假定 $f(x)=a+bx$,为了使问题更便于处理,再假定随机误差 ε 服从 $N(0,\sigma^2)$,这样就有

$$Y=a+bx+\varepsilon,\quad \varepsilon\sim N(0,\sigma^2),\tag{6-1}$$

其中 a,b 及 σ^2 都是不依赖于 x 的未知参数.式(6-1)称为**一元线性回归模型**,其中 b 称为**回归系数**,a 称为**回归常数**,有时也统称 a,b 为回归系数,线性函数 $Y=a+bx$ 也称**一元线性回归方程**.

通常,我们对一元线性回归模型主要讨论如下的三方面问题:

(1) 对参数 a,b 和 σ^2 进行点估计;

(2) 检验 Y 与 x 之间是否线性相关;

(3) 利用求得的经验回归直线,通过 x 对 Y 进行预测或依据 Y 对 x 进行控制.

6.1.2　未知参数的估计

建立回归方程的首要任务是对回归系数 a 和 b 作出估计. 根据观测值

$(x_i, y_i)(i=1, \cdots, n)$ 估计回归函数 $Y=a+bx$ 中的回归系数,通常采用所谓的最小二乘法. 其基本思想是确定一条在一切直线中对所有试验点总的接近程度最好的一条直线为回归直线. 记平方和

$$Q(a,b) = \sum_{i=1}^{n} (y_i - a - bx_i)^2, \tag{6-2}$$

则 $Q(a,b)$ 的大小刻画了所有观察点与这样的回归直线的偏离程度. 于是,我们的目标就是寻求使 $Q(a,b)$ 达到最小的 a,b 作为其估计,即 $Q(\hat{a}, \hat{b}) = \min Q(a,b)$. 为此,令

$$\begin{cases} \dfrac{\partial Q}{\partial a} = -2\sum_{i=1}^{n} (y_i - a - bx_i) = 0, \\ \dfrac{\partial Q}{\partial b} = -2\sum_{i=1}^{n} (y_i - a - bx_i)x_i = 0, \end{cases} \tag{6-3}$$

化简得

$$\begin{cases} na + \left(\sum_{i=1}^{n} x_i\right)b = \sum_{i=1}^{n} y_i, \\ \left(\sum_{i=1}^{n} x_i\right)a + \left(\sum_{i=1}^{n} x_i^2\right)b = \sum_{i=1}^{n} x_i y_i, \end{cases} \tag{6-4}$$

式(6-4)称为模型的**正规方程组**.

当 x_i 不全相同时,正规方程组的系数行列式不为零,于是有唯一的解,解得

$$\begin{cases} \hat{b} = \dfrac{l_{xy}}{l_{xx}}, \\ \hat{a} = \bar{y} - \hat{b}\bar{x}, \end{cases} \tag{6-5}$$

式中

$$l_{xx} = \sum_{i=1}^{n} (x_i - \bar{x})^2 = \sum_{i=1}^{n} x_i^2 - \frac{1}{n}\left(\sum_{i=1}^{n} x_i\right)^2, \tag{6-6}$$

$$l_{xy} = \sum_{i=1}^{n} (x_i - \bar{x})(y_i - \bar{y}) = \sum_{i=1}^{n} x_i y_i - \frac{1}{n}\left(\sum_{i=1}^{n} x_i\right)\left(\sum_{i=1}^{n} y_i\right), \tag{6-7}$$

$\hat{a}, \hat{b}$ 分别称为 a, b 的最小二乘估计,$\hat{y} = \hat{a} + \hat{b}x$ 称为**经验回归(直线)方程**,简称**回归方程**或**经验公式**.

未知参数 σ^2 是随机误差 ε 的方差,它的大小也就是以回归函数 $f(x)=a+bx$ 作为 Y 的近似导致的均方误差的大小,反映了利用回归函数 $f(x)=a+bx$ 去研究随机变量 Y 与 X 的关系的有效性. 因此,我们常常需要利用样本对 σ^2 的值作出估计.

通过对**残差平方和**

$$S_e = \sum_{i=1}^{n} (y_i - \hat{y}_i)^2 = \sum_{i=1}^{n} (y_i - \hat{a} - \hat{b}x_i)^2$$

的分解分析,可以得到 σ^2 的一个无偏估计是

$$\hat{\sigma}^2 = \frac{S_e}{n-2} = \frac{1}{n-2}(l_{yy} - \hat{b}l_{xy}), \tag{6-8}$$

其中

$$l_{yy} = \sum_{i=1}^{n} (y_i - \bar{y})^2 = \sum_{i=1}^{n} y_i^2 - \frac{1}{n} \left(\sum_{i=1}^{n} y_i \right)^2. \tag{6-9}$$

例 6.1　研究一化学反应过程中温度 $x(℃)$ 对产品得率 Y 的影响,测得数据如表 6-1 所示.

表 6-1　温度与得率数据表

温度 x/℃	100	110	120	130	140	150	160	170	180	190
得率 Y/(%)	45	51	54	61	66	70	74	78	85	89

试求 Y 关于 x 的线性回归方程,并估计 σ^2.

解　根据已知数据可以计算

$$\sum_{i=1}^{n} x_i = 1450, \quad \sum_{i=1}^{n} y_i = 673, \quad \sum_{i=1}^{n} x_i^2 = 218500,$$

$$\sum_{i=1}^{n} y_i^2 = 47225, \quad \sum_{i=1}^{n} x_iy_i = 101570,$$

$$l_{xx} = 218500 - \frac{1}{10} \times 1450^2 = 8250, \quad l_{xy} = 101570 - \frac{1}{10} \times 1450 \times 673 = 3985,$$

$$l_{yy} = 47225 - \frac{1}{10} \times 673^2 = 1932.1.$$

于是

$$\hat{b} = \frac{l_{xy}}{l_{xx}} = 0.483, \quad \hat{a} = \bar{y} - \bar{x}\hat{b} = \frac{1}{10} \times 673 - \frac{1}{10} \times 1450 \times 0.483 = -2.735,$$

得经验回归方程 $\hat{y} = -2.735 + 0.483x.$ 而

$$\hat{\sigma}^2 = \frac{1}{n-2}(l_{yy} - \hat{b}l_{xy}) = \frac{7.23}{8} = 0.90.$$

6.1.3　线性假设的显著性检验

回归方程 $Y = \hat{a} + \hat{b}x$ 的讨论是在 Y 与 x 之间存在线性相关关系的线性假设下进行的,只是一种估计. Y 与 x 之间是否真正存在线性相关关系以及这个方程是否

有实用价值,仅是通过散点图来判断是不科学的,通常还要结合与问题背景有关的专业知识和实践经验来判断;从数学的角度上,我们要求根据实际观测得到的数据运用假设检验的方法进行判断,也即对回归效果进行统计检验.

对回归效果的检验,依据不同角度可建立不同的假设进而构造出不同的检验统计量,所以有多种不同的具体方法.其中最常见的是以下三种方法.

1. t 检验法(回归系数检验法)

在线性回归模型 $Y=a+bx+\varepsilon,\varepsilon\sim N(0,\sigma^2)$ 中,若回归系数 $b=0$,则 Y 与 x 之间就不可能存在线性关系了,因此可把关于线性回归效果的假设记为

$$H_0:b=0, \quad H_1:b\neq 0. \tag{6-10}$$

可以证明,当 H_0 为真,也即 $b=0$ 时

$$t=\frac{\hat{b}}{\hat{\sigma}}\sqrt{l_{xx}}\sim t(n-2). \tag{6-11}$$

由此可以得到 H_0 的拒绝域为

$$|t|=\frac{|\bar{b}|}{\hat{\sigma}}\sqrt{l_{xx}}\geqslant t_{\frac{\alpha}{2}}(n-2), \tag{6-12}$$

其中 α 为显著性水平.

2. r 检验法(相关系数检验法)

相关系数是刻画两个随机变量线性相关程度大小的数字特征,而**样本相关系数**

$$r=\frac{l_{xy}}{\sqrt{l_{xx}}\sqrt{l_{yy}}} \tag{6-13}$$

同样刻画了 x 与 Y 的线性关系密切的程度,其取值范围为 $|r|\leqslant 1$. 如果 $r=0$ 或者 $|r|$ 很小,则意味着 Y 与 x 之间存在线性关系的可能性很小. 因此,关于线性回归效果的假设也可记为

$$H_0:r=0, \quad H_1:r\neq 0. \tag{6-14}$$

实际上,由于式(6-13)很容易化得

$$r=\hat{b}^2\frac{l_{xx}}{l_{yy}}. \tag{6-15}$$

易见,假设(6-14)实际与假设(6-10)是等价的.

对于给定的显著性水平 α,检验 $|r|$ 的大小有相关系数临界值表(附表8)可用,检验法则为

当 $|r|\geqslant r_\alpha$,拒绝 H_0,认为回归效果显著;

当 $|r| < r_\alpha$，接受 H_0，认为回归效果不显著.

3. F 检验法(方差分析检验法)

该方法的思想是通过对样本数据 y_i 的"总偏差平方和"进行分解分析，构造出适当的统计量，对原假设进行检验.

设 $y_1, y_2, \cdots, y_n$ 为 Y 的实际观测值，$\hat{y}_1, \hat{y}_2, \cdots, \hat{y}_n$ 为相应的回归值，即 $\hat{y}_i = a + bx_i, i = 1, 2, \cdots, n$.

记

$$S_T = l_{yy} = \sum_{i=1}^n (y_i - \bar{y})^2, \quad S_R = \sum_{i=1}^n (\hat{y}_i - \bar{y})^2, \quad S_e = \sum_{i=1}^n (y_i - \hat{y}_i)^2,$$

$$(6\text{-}16)$$

则有分解式

$$S_T = S_R + S_e, \tag{6-17}$$

其中，S_R 和 S_e 分别称为回归平方和与残差平方和，它们的简便计算公式为

$$S_R = \hat{b}l_{xy}, \quad S_e = l_{yy} - \hat{b}l_{xy}. \tag{6-18}$$

可以证明，当式(6-10)中的 H_0 为真时

$$F = \frac{S_R}{S_e/(n-2)} \sim F(1, n-2). \tag{6-19}$$

由此可得到 H_0 的拒绝域为 $F \geqslant F_\alpha(1, n-2)$. 其中，$S_T$ 的自由度为 $(n-1)$，S_R 与 S_e 的自由度分别为 1 和 $n-2$.

实际上可以证明，上述三种检验法的效果是等价的.

当假设 $H_0: b = 0$ 被拒绝时，认为回归效果是显著的，反之，就认为回归效果不显著. 回归效果不显著的原因通常可能有

(1) 影响 Y 取值的，除变量 x 及随机误差外还有其他不可忽略的因素；

(2) $E(Y)$ 与 x 的关系不是线性的，而存在着其他的关系；

(3) Y 与 x 之间根本就不存在关系.

此外，当回归效果显著时，我们还可以根据问题的需要对系数作区间估计. 例如，依据式(6-11)可以得到，系数 b 的置信水平 $1-\alpha$ 的置信区间为

$$\left(\hat{b} \pm t_{\frac{\alpha}{2}}(n-2) \frac{\hat{\sigma}}{\sqrt{l_{xx}}} \right).$$

例 6.2(续例 6.1) 试在显著性水平 $\alpha = 0.05$ 下对例 6.1 的线性回归效果进行检验，并求回归系数 b 的 95% 的置信区间.

解 采用 t 检验法，由例 6.1 知 $\hat{b} = 0.483, l_{xx} = 8250, \sigma^2 = 0.90$. 查表得

$$t_{\frac{a}{2}}(n-2)=t_{0.025}(8)=2.3060.$$

因假设 $H_0 : b=0$ 的拒绝域为

$$|t|=\frac{|\bar{b}|}{\hat{\sigma}}\sqrt{l_{xx}}\geqslant 2.3060,$$

而

$$|t|=\frac{0.483}{\sqrt{0.90}}\times\sqrt{8250}=46.24>2.3060,$$

故拒绝 $H_0 : b=0$，认为回归效果是显著的.

系数 b 的置信水平 95% 的置信区间为

$$\left(0.483\pm 2.3060\times\sqrt{\frac{0.90}{8250}}\right)=(0.459, 0.507).$$

6.1.4 函数值的点预测和区间预测

若回归方程经检验效果显著，就可以利用它对 Y 和 x 之间的相关关系进行拟合. 这时，对任意给定的 $x=x_0$，虽然仍无法精确知道相应的 Y_0 值，但可以用回归方程计算出相应的回归值 $\hat{y}_0=\hat{a}+\hat{b}x_0$ 去直接估计它，也可以以一定置信度预测对应 Y 的观察值的取值范围，也即对 Y_0 作区间估计. 这就是所谓的预测问题，且前者为点预测，后者为区间预测.

对于给定的 x_0，由回归方程可得到的回归值 $\hat{y}_0=\hat{a}+\hat{b}x_0$ 也称为 Y 在 x_0 处的**预测值**，Y 的实际观察值 y_0 与预测值 $\hat{y}_0$ 之差称为**预测误差**. 点预测相对比较简单，我们可以通过预测误差对预测效果作出粗略的判断. 例如，在例 6.1 中回归方程为 $\hat{y}=-2.735+0.483x$，对于 $x_0=140$，y 的试验观测值为 66，而预测值为 $\hat{y}_0=-2.735+0.483\times 140=64.885$，预测误差为 1.115，不算太大，说明预测效果较好.

区间预测就是要在一定的显著性水平 α 下，寻找一个正数 $\delta(x_0)$，使得实际观察值 y_0 以 $1-\alpha$ 的概率落入区间 $(\hat{y}_0-\delta(x_0),\hat{y}_0+\delta(x_0))$ 内，这个置信区间也称为 Y_0 的**预测区间**.

对于给定的置信度 $1-\alpha$，可以证明 Y_0 的一个预测区间为

$$\left(\hat{a}+\hat{b}x_0\pm t_{\frac{a}{2}}(n-2)\hat{\sigma}\sqrt{1+\frac{1}{n}+\frac{(x_0-\bar{x})^2}{l_{xx}}}\right). \tag{6-20}$$

易见，该预测区间的长度是 x_0 的函数，它随 $|x_0-\bar{x}|$ 的增加而增加，当 $x_0=\bar{x}$ 时最短.

若将样本观察值 x_0 取为变量，作曲线

$$\begin{cases} y_1(x) = \hat{a} + \hat{b}x - t_{\frac{\alpha}{2}}(n-2)\hat{\sigma}\sqrt{1 + \dfrac{1}{n} + \dfrac{(x-\bar{x})^2}{l_{xx}}}, \\ y_2(x) = \hat{a} + \hat{b}x + t_{\frac{\alpha}{2}}(n-2)\hat{\sigma}\sqrt{1 + \dfrac{1}{n} + \dfrac{(x-\bar{x})^2}{l_{xx}}}. \end{cases} \tag{6-21}$$

这两条曲线就形成了包含回归直线 $\hat{y} = \hat{a} + \hat{b}x$ 的带形域,如图 6-2 所示.这一带形域在 $x = \bar{x}$ 处最窄,说明越靠近 $\bar{x}$,预测误差就越小,就越精确.相反,当 x_0 远离 $\bar{x}$ 时,置信区域逐渐加宽,预测精度就逐渐下降.

实际应用中,当样本容量 n 较大时,常常可以简化计算

$$\sqrt{1 + \frac{1}{n} + \frac{(x_0 - \bar{x})^2}{l_{xx}}} \approx 1,$$

$$t_{\frac{\alpha}{2}}(n-2) \approx z_{\frac{\alpha}{2}},$$

于是 Y_0 的置信度为 $1 - \alpha$ 的预测区间近似地为

$$(\hat{y}_0 - \hat{\sigma}z_{\frac{\alpha}{2}}, \hat{y}_0 + \hat{\sigma}z_{\frac{\alpha}{2}}). \tag{6-22}$$

此时,式(6-21)中的两条曲线变成了两条直线(图 6-3).

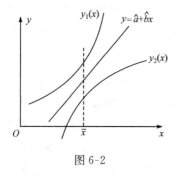

图 6-2

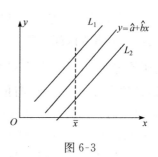

图 6-3

例如,若取 $\alpha = 0.05$,Y_0 的置信度为 95% 的预测区间为

$$(\hat{y}_0 - 1.96\hat{\sigma}, \hat{y}_0 + 1.96\hat{\sigma}),$$

这意味着,在全部可能出现的 Y 值中,大约有 95% 的观测点将落在直线 $L_1: y = \hat{a} - 1.96\hat{\sigma} + \hat{b}x$ 和 $L_2: y = \hat{a} + 1.96\hat{\sigma} + \hat{b}x$ 所夹的带形区域内.

例 6.3(续例 6.1)　利用例 6.1 所得的回归方程,求温度 $x = 125(℃)$时,得率 Y 值的置信水平为 0.95 的预测区间.

解　由例 6.1 知 $\hat{b} = 0.483$,$\hat{a} = -2.735$,$\bar{x} = 145$,$l_{xx} = 8250$,$\sigma^2 = 0.90$.查表得 $t_{\frac{\alpha}{2}}(n-2) = t_{0.025}(8) = 2.3060$. 所以有

$$\hat{y}_0 = \hat{y}\,|_{x=125} = -2.735 + 0.483x\,|_{x=125} = 57.64,$$

$$t_{\frac{\alpha}{2}}(n-2)\hat{\sigma}\sqrt{1+\frac{1}{n}+\frac{(x_0-\bar{x})^2}{l_{xx}}}=2.3060\times\sqrt{0.90}\times\sqrt{1+\frac{1}{10}+\frac{(125-145)^2}{8250}}=2.34,$$

所以在 $x=125$ 处 Y 值的置信水平为 0.95 的预测区间为 (57.64 ± 2.34).

6.1.5　控制问题

在实际应用中有时经常需要考虑预测的反问题,即要以不小于 $1-\alpha$ 的概率将 Y_0 控制在一个指定的区间 (y_1,y_2) 内,要求出相应的 x_0 应控制在什么范围内,也即对于给定的置信度 $1-\alpha$,要求出相应的 (x_1,x_2),使得当 $x_0\in(x_1,x_2)$ 时,相应的 Y_0 满足

$$P\{y_1<Y_0<y_2\}\geqslant1-\alpha,$$

这类问题称为**控制问题**.

为简便起见,我们不妨只讨论 n 很大的情况;根据上一段的讨论,这时,由式(6-22)可确定两条直线 $L_1:y=\hat{y}-\hat{\sigma}z_{\frac{\alpha}{2}}$ 和 $L_2:y=\hat{y}+\hat{\sigma}z_{\frac{\alpha}{2}}$,它们相夹形成了对观测数据的一条"预测带".

如图 6-4 所示(假定 $\hat{b}>0$,相反的话类似),对于指定的 y 轴上的区间 (y_1,y_2),我们由该区间的端点分别向"预测带"作水平线,再沿上水平线与"预测带"上沿的交点、下水平线与"预测带"下沿的交点分别向 x 轴作垂线,就得到一个 x 轴上的区间 (x_1,x_2). 易见,只要自变量 x 的值被控制在这个区间 (x_1,x_2) 之内,我们就有 $100(1-\alpha)\%$ 的把握断定

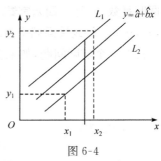

图 6-4

因变量 Y 的相应值将落在区间 (y_1,y_2) 当中. 因此,这个 (x_1,x_2) 也就是我们要找的控制区间.

依照上述思路,求控制区间具体步骤就是要从方程

$$\begin{cases}y_1=\hat{a}+\hat{b}x-\hat{\sigma}z_{\frac{\alpha}{2}},\\y_2=\hat{a}+\hat{b}x+\hat{\sigma}z_{\frac{\alpha}{2}}\end{cases}\tag{6-23}$$

中分别解出 x 来作为控制区间的上下限,若记其解为 x',x'',则 x 的控制区间就是

$$(\min(x',x''),\max(x',x'')).$$

注　为了实现控制,我们必须使所给区间 (y_1,y_2) 的长度不小于 $2z_{\frac{\alpha}{2}}\hat{\sigma}$.

6.2   多元线性回归分析简介

前面我们讨论了一个因变量的简单情形,而在极大多数的实际问题中,和某一个变量 Y 有关系的原因变量不只是一个,而是多个.研究随机变量 Y 与多个原因变量之间的相关关系的问题就是多元回归问题.其中最基本也是最重要的是多元线性回归问题,这是因为许多非线性的问题可以化成线性回归来做.多元线性回归分析的原理与一元线性回归分析完全相同,只是在计算上复杂得多.

6.2.1   多元线性回归的模型

假设因变量 Y 与自变量 $x_1, x_2, \cdots, x_k$ 之间有关系式:

$$\begin{cases} Y = b_0 + b_1 x_1 + \cdots + b_k x_k + \varepsilon, \\ \varepsilon \sim N(0, \sigma^2), \end{cases} \tag{6-24}$$

其中, $b_0, b_1, \cdots, b_k$ 及 σ^2 均未知.式(6-24)称为 k **元线性回归模型**, $b_1, b_2, \cdots, b_k$ 称为**回归系数**, b_0 称为**回归常数**.线性函数 $y = b_0 + b_1 x_1 + \cdots + b_k x_k$ 称为变量 Y 关于 $x_1, x_2, \cdots, x_k$ 的**线性回归函数**.

针对一个实际问题,如果获得 n 组观测数据

$$(y_1, x_{11}, x_{12}, \cdots, x_{1k}),$$
$$(y_2, x_{21}, x_{22}, \cdots, x_{2k}),$$
$$\cdots\cdots$$
$$(y_n, x_{n1}, x_{n2}, \cdots, x_{nk}),$$

其中 x_{ij} 是自变量 x_j 的第 i 个观测值, y_i 是因变量 y 的第 i 个值.代入式(6-24)可得模型的数据结构形式:

$$\begin{cases} y_1 = b_0 + b_1 x_{11} + b_2 x_{12} + \cdots + b_k x_{1k} + \varepsilon_1, \\ y_2 = b_0 + b_1 x_{21} + b_2 x_{22} + \cdots + b_k x_{2k} + \varepsilon_2, \\ \cdots\cdots \\ y_n = b_0 + b_1 x_{n1} + b_2 x_{n2} + \cdots + b_k x_{nk} + \varepsilon_n, \end{cases} \tag{6-25}$$

$\varepsilon_1, \varepsilon_2, \cdots, \varepsilon_n$ 相互独立,且都服从 $N(0, \sigma^2)$.

如果引入矩阵符号,令

$$Y = \begin{pmatrix} y_1 \\ y_2 \\ \vdots \\ y_n \end{pmatrix}, \quad X = \begin{pmatrix} 1 & x_{11} & x_{12} & \cdots & x_{1k} \\ 1 & x_{21} & x_{22} & \cdots & x_{2k} \\ \vdots & \vdots & \vdots & & \vdots \\ 1 & x_{n1} & x_{n2} & \cdots & x_{nk} \end{pmatrix}, \quad b = \begin{pmatrix} b_0 \\ b_1 \\ \vdots \\ b_k \end{pmatrix}, \quad \varepsilon = \begin{pmatrix} \varepsilon_1 \\ \varepsilon_2 \\ \vdots \\ \varepsilon_n \end{pmatrix},$$

则模型(6-24)或模型(6-25)还可以表示成更简洁的矩阵形式

$$\begin{cases} Y = Xb + \varepsilon, \\ \varepsilon \sim N(0, \sigma^2 E_n), \end{cases} \tag{6-26}$$

其中,E_n 表示 n 阶单位矩阵,矩阵 X 是一个 $n \times (k+1)$ 矩阵,主要有 $n \times k$ 个观测数据构成,这些数据是预先设定并可以控制的,人的主观因素可作用于其中,因此也称 X 为**设计矩阵**. 一般总要求观测次数 n 应大于未知参数的个数,即 $n > k+1$;同时,还假定 X 是列满秩的. 利用矩阵的知识帮助进行相关的分析,这也正是多元统计分析的常用手段.

对 k 元线性回归模型,需讨论的问题与一元时相同.

6.2.2 未知参数的估计

与一元时类似,采用最小二乘法估计回归系数 $b_0, b_1, \cdots, b_k$. 称使得

$$Q(b_0, b_1, \cdots, b_k) \triangleq \sum_{t=1}^{n} \left[y_t - (b_0 + b_1 x_{t1} + b_2 x_{t2} + \cdots + b_k x_{tk}) \right]^2 \tag{6-27}$$

达到最小的 $\hat{b}_0, \hat{b}_1, \cdots, \hat{b}_k$ 为参数 $b_0, b_1, \cdots, b_k$ 的**最小二乘估计**. 利用微积分知识,最小二乘估计就是如下方程组的解

$$\begin{cases} \dfrac{\partial Q}{\partial b_0} = 0, \\ \dfrac{\partial Q}{\partial b_j} = 0, \quad j = 1, 2, \cdots, k. \end{cases} \tag{6-28}$$

该方程组展开后用矩阵的形式可表示为

$$X^{\mathrm{T}} X b = X^{\mathrm{T}} Y, \tag{6-29}$$

称其为**正规方程组**. 两边左乘 $X^{\mathrm{T}} X$ 的逆矩阵(假定其存在)即可得到方程组的解,也就是要求的 $b_0, b_1, \cdots, b_k$ 的最小二乘估计 $\hat{b}_0, \hat{b}_1, \cdots, \hat{b}_k$,

$$\hat{b} = \begin{bmatrix} b_0 \\ b_1 \\ \vdots \\ b_k \end{bmatrix} = (X^{\mathrm{T}} X)^{-1} X^{\mathrm{T}} Y. \tag{6-30}$$

将其代入模型(6-24),略去随机项即得**经验回归方程**

$$\hat{y} = \hat{b}_0 + \hat{b}_1 x_1 + \cdots + \hat{b}_k x_k. \tag{6-31}$$

另外,类似一元情形,$\hat{b}_j$ 也都是相应的 $b_j (j = 0, 1, \cdots, k)$ 的无偏估计,而 σ^2 的无偏估计为

$$\hat{\sigma}^2 = \frac{Q(\hat{b}_0, \hat{b}_1, \cdots, \hat{b}_k)}{n-k-1}. \tag{6-32}$$

6.2.3　回归效果的显著性检验

上面的讨论是在 Y 与 $x_1, x_2, \cdots, x_k$ 之间呈现线性相关的前提下进行的,所求的经验方程是否有实用价值,也需对 Y 与各 x_i 间是否存在线性相关关系作显著性假设检验.

一方面,可以对回归方程 $\hat{y} = \hat{b}_0 + \hat{b}_1 x_1 + \cdots + \hat{b}_k x_k$ 整体是否显著有效作出检验,等价于检验假设

$$H_0 : b_1 = b_2 = \cdots = b_k = 0. \tag{6-33}$$

具体的检验方法,通常以方差分析法居多. 也即将因变量 y 的总偏差平方和 L_{yy} 作分解

$$\begin{aligned}
L_{yy} &= \sum_{t=1}^{n} (y_t - \bar{y})^2 = \sum_{t=1}^{n} (y_t - \hat{y}_t + \hat{y}_t - \bar{y}_t)^2 \\
&= \sum_t (y_t - \hat{y}_t)^2 + \sum_t (\hat{y}_t - \bar{y})^2 \doteq Q_e + U,
\end{aligned}$$

即

$$L_{yy} = U + Q_e, \tag{6-34}$$

其中 $\hat{y}_t = \hat{b}_0 + \hat{b}_1 x_{1t} + \cdots + \hat{b}_k x_{kt}$,而

$$U = \sum_t (\hat{y}_t - \bar{y})^2, \quad Q_e = \sum_t (y_t - \hat{y}_t)^2,$$

分别称 Q_e, U 为**残差平方和**、**回归平方和**.

可以证明:

$$F = \frac{U/k}{Q_e/(n-k-1)} \overset{H_0 \text{真}}{\sim} F(k, n-k-1). \tag{6-35}$$

于是,取 F 作 H_0 的检验统计量,对给定的显著性水平 α,通过查 $F(k, n-k-1)$ 分布表可以得到满足 $P(F \geqslant F_\alpha) = \alpha$ 的临界值 F_α,将样本观测值代入计算出统计量 F 的观测值,若 $F \geqslant F_\alpha$,则不能接受 H_0,认为所建的回归方程有显著意义.

另一方面,回归方程的显著并不意味着每个变量对因变量 Y 的影响都是显著的,实际上,某些回归系数仍有可能接近于零. 若某 $b_j (j = 1, 2, \cdots, k)$ 接近于零,说明 $x_j (j = 1, 2, \cdots, k)$ 的变化对 Y 的影响很小,甚至可以把 x_j 从回归方程中剔除掉,从而得到更为简单的线性回归方程. 因此在拒绝了假设式(6-33)之后,还需要进一步对每一个变量 $x_j (j = 1, 2, \cdots, k)$ 进行显著性检验,这等价于分别检验 k 个假设

$$H_{0j}: b_j = 0 \quad (j=1,2,\cdots,k). \tag{6-36}$$

具体的检验方法也是构造一种类似于式(6-11)的服从 t 分布的检验统计量,因为涉及的数学原理较多,表达起来较烦琐,就不在此赘述了,有兴趣的读者可查阅有关多元统计分析的书籍.

注 在实际应用中,多元回归中剔除变量的问题通常要复杂得多,因为有些变量单个讨论时,对因变量的作用很小,但它与某些自变量联合起来,共同对因变量的作用却很大,因此在剔除变量时,还应考虑变量交互作用对 Y 的影响.此外,关于多元线性回归的预测和控制问题,也与一元类似,不再赘述.

目前,可以帮助我们很好地进行回归分析的计算机应用程序和软件也有很多.例如,在 Excel 中也配置有专门的回归分析工具,类似方差分析的操作,我们只需要将试验数据输入工作表,再点开工具栏,按要求填好必要的参数,就能够很快捷地输出回归函数及显著性检验等结果,非常方便、实用(7.4 节).实际上,由于多元统计分析问题变量多、运算复杂,没有计算机的辅助很难进行,而更专业的统计分析应用软件(如 SPSS,R,SAS 等)的出现为我们解决各种复杂的实际问题提供了极大的方便.

6.3 非线性回归

在很多实际问题中,两个(或多个)变量之间的相关关系不一定是线性关系.比如,当观测值的散点图明显呈某一种曲线状(图 6-1(b)),此时若建立线性回归方程,效果肯定不会好,因此需要进行非线性回归,也即寻求一个非线性的函数 $f(x)$,使得 $Y = f(x) + \varepsilon$ 成立.

一般地,非线性回归问题比较线性回归的分析要复杂、困难得多.但人们也已发现,在某些情况下,可以通过适当的变换将非线性回归问题转化为线性回归来处理,这也是目前研究解决非线性回归问题的主要手段.下面介绍几种常见的模型:

(1) 指数模型 $Y = \alpha e^{\beta x} \cdot \varepsilon$,$\ln \varepsilon \sim N(0, \sigma^2)$,其中 α, β, σ^2 是与 x 无关的未知参数.将 $Y = \alpha e^{\beta x} \cdot \varepsilon$ 两边取对数,得

$$\ln Y = \ln \alpha + \beta x + \ln \varepsilon, \tag{6-37}$$

令 $\ln Y = Y'$,$\ln \alpha = a$,$\beta = b$,$x = x'$,$\ln \varepsilon = \varepsilon'$,式(6-37)即可转化为一元线性回归模型

$$Y' = a + bx' + \varepsilon', \quad \varepsilon' \sim N(0, \sigma^2).$$

(2) 幂函数模型 $Y = \alpha x^\beta \cdot \varepsilon$,$\ln \varepsilon \sim N(0, \sigma^2)$,其中 α, β, σ^2 是与 x 无关的未知参数,将 $Y = \alpha x^\beta \cdot \varepsilon$ 两边取对数,得

$$\ln Y = \ln \alpha + \beta \ln x + \ln \varepsilon. \tag{6-38}$$

令 $\ln Y = Y'$，$\ln \alpha = a$，$\beta = b$，$\ln x = x'$，$\ln \varepsilon = \varepsilon'$，式（6-38）即可转化为一元线性回归模型

$$Y' = a + bx' + \varepsilon', \quad \varepsilon' \sim N(0, \sigma^2).$$

（3）多项式模型 $Y = \alpha + \beta_1 x + \beta_2 x^2 + \cdots + \beta_p x^p + \varepsilon, \varepsilon \sim N(0, \sigma^2)$，其中 $\alpha, \beta_i, \sigma^2$ 均是与 x 无关的未知参数，$p \geqslant 2$ 是正整数. 可令 $x_1 = x, x_2 = x^2, \cdots, x_p = x^p$，则问题转化为了 p 元线性回归模型

$$Y = \alpha + \beta_1 x_1 + \beta_2 x_2 + \cdots + \beta_p x_p + \varepsilon, \quad \varepsilon \sim N(0, \sigma^2).$$

其他可化为线性回归问题的常见模型如表 6-2 所示.

表 6-2 可化为一元回归的部分模型

曲线方程	变换公式	变换后的线性方程
$\dfrac{1}{y} = a + \dfrac{b}{x}$	$X = \dfrac{1}{x}, Y = \dfrac{1}{y}$	$Y = a + bX$
$y = a + b\ln x$	$X = \ln x, Y = y$	$Y = a + bX$
$y = a e^{\frac{b}{x}}$	$X = \dfrac{1}{x}, Y = \ln y$	$Y = a_1 + bX (a_1 = \ln a)$
$y = \dfrac{1}{a + b e^{-x}}$	$X = e^{-x}, Y = \dfrac{1}{y}$	$Y = a + bX$

如果在原模型下，对于 (x, Y) 有样本 $(x_1, y_1), (x_2, y_2), \cdots, (x_n, y_n)$，可对应到在新模型下有样本 $(x_1', y_1), (x_2', y_2), \cdots, (x_n', y_n)$，于是就能利用上节的方法来估计 a, b 并对 b 作假设检验，或对 Y 进行预测，在得到 Y 关于 x' 的回归方程后，再将原自变量代回，就得到关于 x 的回归方程，它的图形是一条曲线，也称为曲线回归方程.

例 6.4 一只红铃虫的产卵数 Y 和温度 x 有关，先收集了 7 组观察数据如表 6-3 所示，求 Y 与 x 之间的回归方程.

表 6-3 产卵数与温度数据表

温度 $x/℃$	21	23	25	27	29	32	35
产卵数 $Y/$个	7	11	21	24	33	115	325

解 作散点图如图 6-5 所示，初步判断 Y 与 x 呈指数关系，于是用模型

$$Y = \alpha e^{\beta x} \cdot \varepsilon, \quad \ln \varepsilon \sim N(0, \sigma^2),$$

进行回归分析，经过变换后可转化为

$$Y' = a + bx' + \varepsilon', \quad \varepsilon' \sim N(0, \sigma^2),$$

其中，$\ln Y = Y'$，$\ln \alpha = a$，$\beta = b$，$x = x'$，$\ln \varepsilon = \varepsilon'$，表 6-3 中的数据经过变换后得到表 6-4.

表 6-4 产卵数的对数与温度数据表

$x=x'$	21	23	25	27	28	32	35
$Y'=\ln Y$	1.946	2.398	3.045	3.178	4.190	4.745	5.784

按新的数据再作散点图如图 6-6 所示,发现散点分布已基本呈直线状,故可进行线性回归.

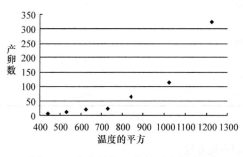

图 6-5 产卵数与温度的平方散点图　　图 6-6 产卵数的对数与温度的散点图

经计算得到,$\hat{b}=0.272,\hat{a}=-3.843$,从而得回归直线方程

$$\hat{y}=0.272x-3.843.$$

又可求得

$$|t|=\frac{|\hat{b}|}{\hat{\sigma}}\sqrt{l_{xx}}=26.985\geqslant t_{\frac{\alpha}{2}}(n-2)=t_{0.025}(6)=2.4469.$$

说明线性回归效果是高度显著的.

代回原变量,便得到回归曲线方程

$$y=\mathrm{e}^{0.272x-3.843}.$$

习 题 6

1. 某企业某种产品与单位成本的资料如下表:

月份	产量 x/件	单位成本 Y/(元/件)
1	2000	73
2	3000	72
3	4000	71
4	3000	73
5	4000	69
6	5000	68

要求计算:

(1) 确定单位成本 Y 对产量 x 的直线回归方程,说明回归系数的含义;

(2) 产量为 6000 件时,单位成本为多少?

2. 从某市抽查 10 家百货商店得到销售额和利润率的资料如下表：

商店编号	每人月平均销售额 x/元	利润率 Y/(%)
1	6000	12.6
2	5000	10.4
3	8000	18.5
4	1000	3.0
5	4000	8.1
6	7000	16.3
7	6000	12.3
8	3000	6.2
9	3000	6.6
10	7000	16.8

要求计算：

(1) 推断利润率对每人月平均销售额的回归直线方程；

(2) 若某商店每人月平均销售额为 2000 元,试估计其利润率；

(3) 计算估计标准误差.

3. 气体在容器中被吸收的比率 Y 与气体的温度 x_1(℃)和吸收液体的蒸气压力 x_2(1000 Pa)有关,测得试验数据如下表：

x_1	78.0	113.5	130.0	154.0	169.0	187.0	206.0	214.0
x_2	1.0	3.2	4.8	8.4	12.0	18.5	27.5	32.0
Y	1.5	6.0	10.0	20.0	30.0	50.0	80.0	100.0

求 Y 关于 x_1,x_2 的二元线性回归方程,并进行显著性检验.

4. 研究货运总量 Y(万吨)与工业总产值 x_1(亿元)、农业总产值 x_2(亿元)、居民非商品支出 x_3(亿元)的关系,有关数据见下表：

编号	Y	x_1	x_2	x_3
1	160	70	35	1.0
2	260	75	40	2.4
3	210	65	40	2.0
4	265	74	42	3.0
5	240	72	38	1.2
6	220	68	45	1.5
7	275	78	42	4.0
8	160	66	36	2.0
9	275	70	44	3.2
10	250	65	42	3.0

试求出线性回归方程,并进行检验.

　　5. 在研究黏虫的生产过程中,得如下表数据:

温度/℃	11.8	14.7	15.4	16.5	17.1	18.1	19.8	20.3
历期 N/d	30.4	15	13.8	12.7	10.7	7.5	6.8	5.7

其中历期 N 为卵块孵化成幼虫天数,温度 t 为历期内每日平均温度的算术平均数. 经研究知 N 与 t 间的关系为 $N = \dfrac{a}{t-b}$. 试求出 N 与 t 的回归方程.

　　6. 为研究某一种化学反应过程中,温度 x(℃)对产品得率 Y(%)的影响,测得数据如下表:

温度 x/℃	100	110	120	130	140	150	160	170	180	190
得率 Y/(%)	45	51	54	61	66	70	74	78	85	89

试求:(1) Y 与 x 的回归方程;

　　(2) 求当温度 $x_0 = 125$ 时,得率 y_0 的预测区间($\alpha = 0.05$).

　　7. 研究一册书的成本费 Y(元)与印刷册数 x(千册)有关,统计结果如下表:

x	1	2	3	5	10	20	30	50	100	200
Y	10.15	5.52	4.08	2.85	2.11	1.62	1.41	1.30	1.21	1.15

试检验成本费 Y 与印刷数量的倒数 $1/x$ 之间是否存在显著的线性相关关系. 如果存在,求 Y 关于 x 的回归方程.

第 7 章　Excel 软件的应用

Microsoft Excel 是微软办公套装软件 Office 的重要组成部分之一,是一个功能众多、技术先进、使用方便的表格式数据综合管理和分析系统,可以进行数据处理、统计分析和辅助决策等操作,广泛地应用于统计、管理、财经、金融等众多领域.本章基于 Excel2003 版本,着重介绍 Excel 在统计分析方面的简单应用.学习本章,要求读者已经掌握了 Excel 的启动以及单元格操作、函数的调用等最基本的方法.

7.1　统计分析功能与描述统计

7.1.1　Excel 的统计函数

Excel 包含有许多预定义的内置统计函数,对于我们实现许多基本的统计计算非常方便.例如,工作表中最常用的"SUM"函数,它被用来对单元格区域进行加法运算,可以方便地计算多个单元格区域内的数据之和;再如,利用函数 NORMS-DIST,我们可以迅速地获得任何一点 x 处的标准正态分布的分布函数值 $\Phi(x)$,比较查任何工具书中的标准正态分布表更方便、更精确.

内置函数的调用可以直接由常用工具栏中点击 f_x 按钮或者点击"插入"菜单中的 f_x(图 7-1)后,在弹出的"插入函数"对话框(图 7-2)中进行.函数的语法以函数名称开始,后面是左圆括号、以逗号隔开的参数和右圆括号.如果函数以公式的形式出现,需要在函数名称前面键入等号(=).当生成包含函数的公式时,公式选项板将会提供相关的帮助.

使用统计函数的步骤:

A. 单击需要插入函数的单元格并将光标固定在要插入函数的位置.

B. 点击"插入"菜单中的 f_x 函数,将弹出"插入函数"窗口.

C. 从"选择函数类别"下拉列表框中选定"统计".

D. 从"选择函数"菜单中单击选定需要的函数.

E. 在弹出的窗口中输入参数.

F. 完成输入公式后,请按 Enter 键.

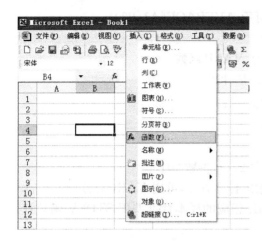

图 7-1 函数菜单选项

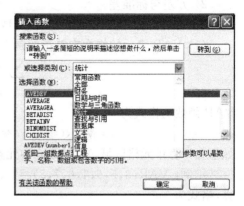

图 7-2 统计函数的选择表

Excel2003 版的内置统计函数多达 80 个,其中部分函数名直接是相应的英文词汇全拼,但更多的是相关英文单词的缩写组合.表 7-1 中列出了其中常用的概率分布函数及其逆函数:

表 7-1 常用概率分布函数及其逆函数

函数	功能
POISSON	给出泊松分布的概率值或累积分布函数值
BINOMDIST	给出二项分布的概率值或累积分布函数值
HYPGEOMDIST	给出超几何分布的概率值
NORMSDIST	给出标准正态分布的分布函数或概率密度函数值
NORMSINV	给出标准正态分布的区间点
STANDARDIZE	计算一个标准化正态分布的概率值
EXPONDIST	给出指数分布的分布函数值
TDIST	给出 t 分布的单侧或双侧概率值
TINV	计算 t 分布的双侧分位点
CHIDIST	给出 χ^2 分布的单尾概率值
CHIINV	计算 χ^2 分布的单侧分位点
FDIST	给出 F 分布函数值
FINV	计算 F 分布的单侧分位点

7.1.2 函数应用实例

1) 均值

Excel 计算不超过 30 个数据的算术平均值使用 AVERAGE 函数,其格式为

AVERAGE(参数 1,参数 2,…,参数 30)

示例:AVERAGE(12.6,13.4,11.9,12.8,13.0)=12.74.如果要计算单元格

区域 A1 到 B20 中 40 个元素的平均数,可用 AVERAGE(A1:B20).

2)方差与标准差

Excel 计算样本方差使用 VAR 函数或 VARP 函数.

(1)VAR 表示的**样本方差**指的是无偏估计式

$$s^2 = \frac{\sum (x_i - \bar{x})^2}{n-1}.$$

VAR 函数的格式为

$$\text{VAR}(参数 1, 参数 2, \cdots, 参数 30)$$

如果要计算单元格区域 A1 到 B20 中元素的样本方差,可用 VAR(A1:B20).

示例:VAR(3,5,6,4,6,7,5)=1.81. 相应的样本标准差用 STDEV 函数计算,格式为

$$\text{STDEV}(参数 1, 参数 2, \cdots, 参数 30)$$

示例:STDEV(3,5,6,4,6,7,5)=1.35.

(2)VARP 表示的**样本方差**指的是有偏估计式

$$s^2 = \frac{\sum (x_i - \bar{x})^2}{n}.$$

VARP 函数的格式为

$$\text{VARP}(参数 1, 参数 2, \cdots, 参数 30)$$

示例:VARP(3,5,6,4,6,7,5)=1.55. 相应的样本标准差用 STDEVP 函数计算,格式为

$$\text{STDEVP}(参数 1, 参数 2, \cdots, 参数 30)$$

示例:STDEVP(3,5,6,4,6,7,5)=1.25.

3)正态分布

Excel 计算正态分布函数值或概率密度函数值时,使用 NORMDIST 函数,其格式为

$$\text{NORMDIST}(变量, 均值, 标准差, 逻辑值)$$

其中,"逻辑值"参数若为 TRUE,则为分布函数值;若为 FALSE,则为概率密度函数值.

示例:已知 X 服从正态分布,$\mu=600$,$\sigma=100$,求 $P\{X \leqslant 500\}$. 输入公式

$$=\text{NORMDIST}(500,600,100,\text{TRUE})$$

得到的结果为 0.158655,即分布函数值 $F(500)=P\{X \leqslant 500\}=0.158655$.

类似地,计算标准正态分布用 NORMSDIST 函数,格式同上.

4)正态分布函数的反函数

Excel 计算正态分布函数的反函数使用 NORMINV 函数,格式为

$$\text{NORMINV}(概率, 均值, 标准差)$$

示例：已知概率 $P=0.841345$，均值 $\mu=360$，标准差 $\sigma=40$，求 NORMINV 函数的值.输入公式

$$=\text{NORMINV}(0.841345,360,40)$$

得到结果为 400，即 $0.841345=P\{X\leqslant400\}$.

标准正态分布函数的反函数用 NORMSINV 函数，格式类上.

示例：已知概率 $\alpha=0.975$，求 NORMSINV 函数的值.输入公式

$$=\text{NORMSINV}(0.975)$$

得到结果为 1.959964，即 $0.975=\Phi(1.959964)=P\{X\leqslant1.959964\}$. 相当于上 $(1-\alpha)$ 分位点 $z_{0.025}$.

5）t 分布

Excel 计算 t 分布的单侧或双侧概率值采用 TDIST 函数，格式为

$$\text{TDIST}(变量,自由度,侧数)$$

其中，"侧数"：指明分布为单侧或双侧：若为 1，为单侧；若为 2，为双侧.

示例：设 T 服从 $t(n-1)$ 分布，样本数为 25，求 $P(T>1.711)$.

已知 $t=1.711$，$n=25$，采用单侧，则 T 分布的值

$$=\text{TDIST}(1.711,24,1)$$

得到 0.049989，即 $P(T>1.711)=0.049989$.

若采用双侧，则 T 分布的值

$$=\text{TDIST}(1.711,24,2)$$

得到 0.099978，即 $P(|T|>1.711)=0.099978$.

6）t 分布的反函数

Excel 使用 TINV 函数得到 t 分布的反函数，即双侧 α 分位点.格式为

$$\text{TINV}(双侧概率,自由度)$$

示例：已知随机变量 T 服从 $t(10)$ 分布，置信度为 0.05，求 $t_{\frac{0.05}{2}}(10)$.输入公式

$$=\text{TINV}(0.05,10)$$

得到 2.2281，即 $P(|T|>2.228)=10$ 或 $t_{\frac{0.05}{2}}(10)=2.2281$.

若求上 α 分位点 $t_{\alpha}(n)$，则可使用公式 $=\text{TINV}(2*\alpha,n)$.

示例：已知随机变量服从 $t(10)$ 分布，置信度为 0.05，求 $t_{0.05}(10)$.输入公式

$$=\text{TINV}(0.1,10)$$

得到 1.812461，即 $t_{0.05}(10)=1.812461$.

7）χ^2 分布的反函数

Excel 使用 CHIINV 函数得到 χ^2 分布的反函数，给出其上 α 分位点.格式为

$$\text{CHIINV}(双侧概率,自由度)$$

示例：已知随机变量 K 服从 $\chi^2(8)$ 分布，置信度为 0.05，求 $\chi^2_{0.05}(8)$.输入公式

$$=\text{CHIINV}(0.05,8)$$

得到 15.50731,即 $P(K>15.5073)=1$ 或 $\chi^2_{0.05}(8)=15.50731$.

8) 泊松分布

计算泊松分布使用 POISSON 函数,格式为

$$POISSON(变量,参数,累积)$$

其中"累积":若 TRUE,为泊松分布函数值;若 FALSE,则为泊松分布概率分布值.

示例:设 X 服从参数为 4 的泊松分布,计算 $P\{X=6\}$ 及 $P\{X\leqslant6\}$.输入公式

$$=POISSON(6,4,FALSE) \quad 和 \quad =POISSON(6,4,TRUE)$$

得到概率 0.104196 和 0.889326.

7.1.3 加载 Excel 数据分析宏程序

Excel 作为 Office 电子表格文件处理工具,不仅具有进行相关电子表格处理的功能,而且还带有一个可以用来直接进行如方差分析、回归分析等统计数据处理分析的宏程序库——"分析工具库".通常计算机安装了 Office 后,Excel 电子表格"工具"项的下拉菜单中没有"数据分析"命令,Excel 并不能直接用来进行统计数据的处理分析.

加载"数据分析"宏,可点击 Excel 中"工具"菜单,在弹出的"加载宏"对话框中选中"分析工具库"及"分析工具库-VBA 函数"(图 7-3)然后点击"确定".数据分析宏程序加载后,会在 Excel 的"工具"菜单里出现"数据分析"的命令选项.完成了 Excel "数据分析"程序宏的加载后,点击工具菜单中的"数据分析"命令,即会弹出 Excel 的"数据分析"对话框(图 7-4).在整个分析工具宏程序库中设有各种数据处理分析的工具宏程序,运行 Excel "数据分析"宏中某一分析功能,并根据分析工具对数据进行分析,Excel 的数据分析结果通常以统计表格或统计图的形式直观地显示.

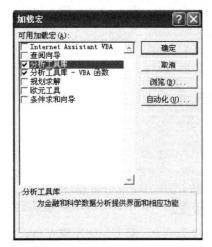

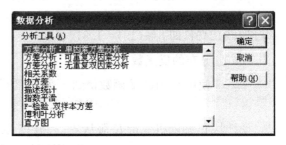

图 7-3 加载宏对话框   图 7-4 "数据分析"对话框

7.1.4 描述统计

Excel 的"分析工具库"中的"描述统计",可以用于生成数据源区域中数据的单变量统计分析报表,一次性提供出有关样本数据的均值、方差、极差等基本的趋中性和易变性的信息.

例 7.1 一组同学的某科目测试成绩为:

94 86 89 72 98 68 83 72 89 53 69 77 89 66 96 56

试对该组同学的成绩作出描述性统计分析.

操作步骤:

(1) 将所给数据按行或者按列输入到 Excel 的表格中,例如输入在矩形区域 A1:A16 内,如图 7-5 所示.

(2) 选"工具"栏中的"数据分析",如图 7-6 所示.

图 7-5   图 7-6

(3) 在"数据分析"中选"描述统计",如图 7-7 所示.

(4) 在"描述统计"中给出输入区域 A1 到 A16,分组方式是"逐列",其他选项默认,如图 7-8 所示.

(5) 确定后,结果显示如图 7-9 所示.

图 7-7

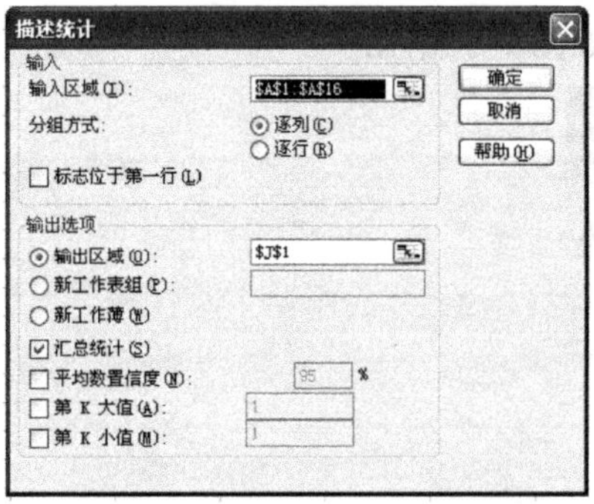

图 7-8

J	K
列1	
平均	78.5625
标准误差	3.49639
中位数	80
众数	89
标准差	13.98556
方差	195.5958
峰度	-0.93104
偏度	-0.34979
区域	45
最小值	53
最大值	98
求和	1257
观测数	16

图 7-9

其中,"标准误差"是指样本均值的标准差的估计,"区域"是指极差.

结果表明,该组同学成绩的平均值为 78.5625,标准差为 13.98556,最低分是 53,最高是 98,极差是 45 分等.

7.2 区 间 估 计

利用 Excel 进行区间估计,本质上就是按照相应的公式分别计算置信下限与置信上限,进而得出置信区间. 当熟悉了数据输入方法及常见统计函数后,使用起来比较简单.

7.2.1 单个正态总体均值与方差的区间估计

1) σ^2 已知时 μ 的置信区间

置信区间公式为 $\left[\bar{x} - u_{\frac{\alpha}{2}}\dfrac{\sigma}{\sqrt{n}}, \bar{x} + u_{\frac{\alpha}{2}}\dfrac{\sigma}{\sqrt{n}}\right]$.

例 7.2 随机从一批苗木中抽取 16 株,测得其高度(单位:m)为:

1.14 1.10 1.13 1.15 1.20 1.12 1.17 1.19
1.15 1.12 1.14 1.20 1.23 1.11 1.14 1.16

设苗高服从正态分布,求总体均值 μ 的 0.95 的置信区间.已知 $\sigma=0.01$(m).

操作步骤:

(1) 在一个矩形区域内输入观测数据,例如在矩形区域 B3:G5 内输入样本数据.

(2) 计算置信下限和置信上限.可以在数据区域 B3:G5 以外的任意两个单元格内分别输入如下两个表达式:

$=$average(b3:g5)$-$normsinv(1$-$0.5$*\alpha$)$*\sigma$/sqrt(count(b3:g5))

$=$average(b3:g5)$+$normsinv(1$-$0.5$*\alpha$)$*\sigma$/sqrt(count(b3:g5))

上述第一个表达式计算置信下限,第二个表达式计算置信上限.其中,显著性水平 α 和标准差 σ 是具体的数值而不是符号.本例中,$\alpha=0.05$,$\sigma=0.01$,上述两个公式应实际输入为

$=$average(b3:g5)$-$normsinv(0.975)$*$0.01/sqrt(count(b3:g5))

$=$average(b3:g5)$+$normsinv(0.975)$*$0.01/sqrt(count(b3:g5))

计算结果为(1.148225,1.158025).

2) σ^2 未知时 μ 的置信区间

置信区间公式为 $\left[\bar{x}-t_{\frac{\alpha}{2}}(n-1)\dfrac{S}{\sqrt{n}},\bar{x}+t_{\frac{\alpha}{2}}(n-1)\dfrac{S}{\sqrt{n}}\right].$

例 7.3 同例 7.2,但 σ 未知.

输入公式为

$=$average(b3:g5)$-$tinv(0.05,count(b:3:g5)$-$1)$*$stdev(b3:g5)/sqrt(count(b3:g5))

$=$average(b3:g5)$-$tinv(0.05,count(b:3:g5)$-$1)$*$stdev(b3:g5)/sqrt(count(b3:g5))

计算结果为(1.133695,1.172555).

3) μ 未知时 σ^2 的置信区间

置信区间公式为 $\left[\dfrac{(n-1)s^2}{\chi^2_{\frac{\alpha}{2}}(n-1)},\dfrac{(n-1)s^2}{\chi^2_{1-\frac{\alpha}{2}}(n-1)}\right].$

例 7.4 从一批火箭推力装置中随机地抽取 10 个进行试验,它们的燃烧时间(单位:s)如下:

50.7 54.9 54.3 44.8 42.2 69.8 53.4 66.1 48.1 34.5

试求总体方差 σ^2 的 0.9 的置信区间(设总体为正态).

操作步骤:

(1) 可在单元格 B3:C7 分别输入样本数据;

（2）在单元格 C9 中输入样本数或输入公式＝COUNT(B3:C7)；

（3）在单元格 C10 中输入置信水平 0.1；

（4）计算样本方差：在单元格 C11 中输入公式＝VAR(B3:C7)；

（5）计算两个查表值：在单元格 C12 中输入公式＝CHIINV(C10/2,C9－1)，在单元格 C13 中输入公式＝CHIINV(1－C10/2,C9－1)；

（6）计算置信区间下限：在单元格 C14 中输入公式＝(C9－1)＊C11/C12；

（7）计算置信区间上限：在单元格 C15 中输入公式＝(C9－1)＊C11/C13（如图 7-10 所示）．

	A	B	C	D
1	3.总体均值未知,求总体方差的置信区间:			
2				
3		50.7	69.8	
4		54.9	53.4	
5		54.3	66.1	
6		44.8	48.1	
7		42.2	34.5	
8				
9	样本数		10	
10	置信水平		0.1	
11	样本方差		111.3551	
12	查表值		16.91896	
13	查表值		3.325115	
14	置信区间下限		59.23508	
15	置信区间上限		301.4019	

图 7-10

当然，读者也可以在输入数据后，直接输入如下两个表达式计算两个置信限：

＝(count(b3:c7)－1)＊var(b3:c7)/chiinv(0.1/2,count(b3:c7)－1)

＝(count(b3:c7)－1)＊var(b3:c7)/chiinv(1－0.1/2,count(b3:c7)－1)

7.2.2　两正态总体均值差与方差比的区间估计

1）$\sigma_1^2＝\sigma_2^2＝\sigma^2$ 但未知时 $\mu_1－\mu_2$ 的置信区间

置信区间公式为 $\left[(\bar{x}－\bar{y})\pm t_{\frac{\alpha}{2}}(n_1＋n_2－2)S_w\sqrt{\dfrac{1}{n_1}＋\dfrac{1}{n_2}}\right]$.

例 7.5　在甲,乙两地随机抽取同一品种小麦籽粒的样本,容量分别为 5 和 7,分析得其蛋白质含量为

甲：12.6　13.4　11.9　12.8　13.0

乙：13.1　13.4　12.8　13.5　13.3　12.7　12.4

假设蛋白质含量符合正态等方差条件,试估计甲、乙两地小麦蛋白质含量差$\mu_1－\mu_2$

所在的范围(取 $\alpha = 0.05$).

操作步骤:

(1) 在 A2:A6 输入甲组数据,在 B2:B8 输入乙组数据.

(2) 在单元格 B11 输入公式=AVERAGE(A2:A6),在单元格 B12 中输入公式=AVERAGE(B2:B8),分别计算出甲组和乙组样本均值.

(3) 分别在单元格 C11 和 C12 输入公式=VAR(A2:A6),=VAR(B2:B8),计算出两组样本的方差.

(4) 在单元格 D11 和 D12 分别输入公式=COUNT(A2:A6),=COUNT(B2:B8),计算各样本的容量大小.

(5) 将显著性水平 0.05 输入到单元格 E11 中.

(6) 分别在单元格 B13 和 B14 输入

=B11−B12−TINV(0.025,10)∗SQRT((4∗C11+5∗C12)/10)∗SQRT(1/ 5+1/7)

和

=B11−B12+TINV(0.025,10)∗SQRT((4∗C11+5∗C12)/10)∗SQRT(1/ 5+1/7)

计算出置信区间的下限和上限(如图 7-11 所示).

	A	B	C	D	E
1	甲	乙			
2	12.6	13.1			
3	13.4	13.4			
4	11.9	12.8			
5	12.8	13.5			
6	13	13.3			
7		12.7			
8		12.4			
9					
10		样本均值	样本方差	样本数	置信度
11	甲	12.74	0.308	5	0.05
12	乙	13.02857	0.165714	7	
13	置信下限	−1.01623			
14	置信上限	0.439082			

图 7-11

2) μ_1, μ_2 未知时方差比 σ_1^2/σ_2^2 的置信区间

置信区间公式为 $\left(\dfrac{s_1^2}{s_2^2} \dfrac{1}{F_{\frac{\alpha}{2}}(n_1-1, n_2-1)}, \dfrac{s_1^2}{s_2^2} \dfrac{1}{F_{1-\frac{\alpha}{2}}(n_1-1, n_2-1)} \right)$.

例 7.6 有两个化验员 A, B,他们独立地对某种聚合物的含氯量用相同的方法各作了 10 次测定.所得测定值的方差分别为 $S_A = 0.5419, S_B = 0.6065$. 记 σ_A^2 和 σ_B^2 分别是 A、B 所测量的数据总体(设为正态分布)的方差. 求方差比 σ_A^2/σ_B^2 的 0.95 置信区间.

操作步骤:

(1) 在单元格 B2,B3 输入样本数,C2,C3 输入样本方差,D2 输入置信度.

(2) 在 B4 和 B5 利用公式输入

$$=C2/(C3 * FINV(1-D2/2,B2-1,B3-1))$$ 和

$$=C2/(C3 * FINV(D2/2,B2-1,B3-1))$$

计算出 A 组和 B 组的方差比的置信区间上限和下限(如图 7-12 所示).

	A	B	C	D	E	F
1		样本数	样本方差	置信度		
2	A	10	0.5419	0.05		
3	B	10	0.6065			
4	置信上限	3.597169				
5	置信下限	0.22193				

图 7-12

7.3　假 设 检 验

利用 Excel 进行假设检验,单样本的情况计算量较小,没有现成的宏程序,需要在不同的背景下依照相应的检验办法,借助检验统计量的公式计算检验值,并利用内置函数查出检验临界值,进而进行检验;而双样本的情形,则可直接调用现成的工具宏程序.

7.3.1　单个正态总体均值 μ 的检验

1) σ^2 已知时 μ 的 U 检验

例 7.7　外地某良种作物,产量(单位:$kg/1000m^2$)服从 $N(800,50^2)$;将其引入本地试种,收获时任取 5 块地,得产量分别是 $800,850,780,900,820$($kg/1000m^2$).假定引种后的产量 X 也服从正态分布,试检验:

(1) 若方差未变,本地平均产量 μ 与原产地的平均产量 $\mu_0=800kg/1000m^2$ 有无显著变化;

(2) 本地平均产量 μ 是否比原产地的平均产量 $\mu_0=800kg/1000m^2$ 高;

(3) 本地平均产量 μ 是否比原产地的平均产量 $\mu_0=800kg/1000m^2$ 低.

操作步骤:

(1) 先建一个如图 7-13 中 1~3 行所示的工作表:

(2) 计算样本均值(平均产量),在单元格 D5 输入公式 =AVERAGE(A3:E3);

(3) 在单元格 D6 输入样本数 5;

(4) 在单元格 D8 输入 U 检验值计算公式 =(D5-800)/(50/SQRT(D6));

(5) 在单元格 D9 输入 U 检验的临界值 =NORMSINV(0.975);

	A	B	C	D	E	F
1			产量试验 数据			
2						
3	800	850	780	900	820	
4						
5	平均亩产量			830		
6	样本数			5		
7						
8	U检验值			1.341641		
9	临界值（双侧）			1.959961		
10	临界值（右侧）			1.644853		
11	临界值（左侧）			-1.64485		

图 7-13

（6）根据算出的数值作出推论.

本例中，U 的检验值 1.341641 小于临界值 1.959961，故接受原假设，即平均产量与原产地无显著差异.

注 在例 7.7 中，问题（2）要计算 U 检验的右侧临界值：在单元格 D10 输入 U 检验的上侧临界值＝NORMSINV(0.95).问题（3）要计算 U 检验的左侧临界值，在单元格 D11 输入 U 检验下侧的临界值＝NORMSINV(0.05).

2）σ^2 未知时的 t 检验

例 7.8 某一制造商新生产某一种汽车引擎，将其装入汽车内进行重复独立的速度测试，得到行驶速度如下：

250 238 265 242 248 258 255 236 245 261

254 256 246 242 247 256 258 259 262 263

试在显著性水平为 0.025 下检验该批引擎的平均速度是否高于 250km/h？

操作步骤：

（1）先建如图 7-14 中 1～6 行所示的工作表：

	A	B	C	D	E
1		引擎速度测试			
2					
3	250	238	265	242	248
4	253	255	236	245	261
5	254	256	246	242	247
6	256	258	259	262	263
7					
8	平均速度			252.05	
9	标准差			8.64185	
10	样本数			20	
11	检验值			1.06087	
12	临界值			2.093	

图 7-14

（2）计算样本均值：在单元格 D8 输入公式＝AVERAGE(A3:E6)；

（3）计算标准差：在单元格 D9 输入公式＝STDEV(A3:E6)；

（4）在单元格 D10 输入样本数 20；

（5）在单元格 D11 输入 t 检验值计算公式 ＝（D8 － 250）/（D9/（SQRT(D10)），得到结果 1.06087；

（6）在单元格 D12 输入 t 检验上侧临界值计算公式＝TINV(0.05,D10－1).
欲检验假设

$$H_0:\mu=250,\quad H_1:\mu>250.$$

已知 t 统计量的自由度为 $(n-1)=20-1=19$，拒绝域为 $t>t_{0.025}=2.093$. 由上面计算得到 t 检验统计量的值 1.06087 落在接收域内，故接受原假设 H_0.

7.3.2　两个正态总体参数的假设检验

1）σ_1^2 与 σ_2^2 已知时 $\mu_1-\mu_2$ 的 U 检验

例 7.9　某班 20 名同学分 2 组参加了一项数学测验，第 1 组和第 2 组测验成绩如下：

第 1 组：91　88　76　98　94　92　90　87　100　69

第 2 组：90　91　80　92　92　94　98　78　86　91

已知两组的成绩总体方差分别是 57 与 53，取 $\alpha=0.05$，可否认为两组学生的成绩有差异？

操作步骤：

（1）建立如图 7-15 中 A，B 两列所示工作表：

	A	B	C	D	E	F
1	第一组	第二组		z-检验：双样本均值分析		
2	91	90				
3	88	91			变量 1	变量 2
4	76	80		平均	88.5	89.2
5	98	92		已知协方差	57	53
6	94	92		观测值	10	10
7	92	94		假设平均差	0	
8	90	98		z	-0.21106	
9	87	78		P(Z<=z) 单尾	0.416421	
10	100	86		z 单尾临界	1.644853	
11	69	91		P(Z<=z) 双尾	0.832842	
12				z 双尾临界	1.959961	
13						

图 7-15

（2）选取"工具"—"数据分析"；

（3）选定"z-检验：双样本平均差检验"；

（4）选择"确定"，显示一个"z-检验：双样本平均差检验"对话框；

（5）在"变量 1 的区域"输入 A2：A11；

（6）在"变量 2 的区域"输入 B2：B11；

(7) 在"输出区域"输入 D1;

(8) 在显著水平"α"框,输入 0.05;

(9) 在"假设平均差"窗口输入 0;

(10) 在"变量 1 的方差"窗口输入 57;

(11) 在"变量 2 的方差"窗口输入 53;

(12) 选择"确定",得到结果如图 7-15 所示.

计算结果得到 $z = -0.21106$(即 u 统计量的值),其绝对值小于"z 双尾临界"值 1.959961,故接受原假设,表示无充分证据表明两组学生数学测验成绩有差异.

2) $\sigma_1^2 = \sigma_2^2 = \sigma^2$ 但未知时 $\mu_1 - \mu_2$ 的检验

在此情况下,采用 t 检验.

例 7.10 已知某种农作物的产量服从正态分布,现有种植该农作物的两个实验区,各分为 10 个小区,各小区的面积相同,在这两个实验区中,除第一实验区施以磷肥外,其他条件相同,两实验区的玉米产量(kg)如下:

第一实验区:62　57　65　60　63　58　57　60　60　58

第二实验区:56　59　56　57　60　58　57　55　57　55

试判别磷肥对该农作物产量有无显著影响($\alpha = 0.05$)?

欲检验假设 $H_0 : \mu_1 = \mu_2 ; H_1 : \mu_1 > \mu_2$.

操作步骤:

(1) 建立如图 7-16 中 A,B 两列所示工作表:

	A	B	C	D	E	F
1	甲区	乙区		t-检验:双样本等方差假设		
2	62	56				
3	57	59			变量 1	变量 2
4	65	56		平均	60	57
5	60	57		方差	7.111111	2.666667
6	63	58		观测值	10	10
7	58	57		合并方差	4.888889	
8	57	60		假设平均差	0	
9	60	55		df	18	
10	60	57		t Stat	3.033899	
11	58	55		P(T<=t) 单尾	0.003569	
12				t 单尾临界	1.734063	
13				P(T<=t) 双尾	0.007139	
14				t 双尾临界	2.100924	
15						

图 7-16

(2) 选取"工具"—"数据分析";

(3) 选定"t-检验:双样本等方差假设";

(4) 选择"确定".显示一个"t-检验:双样本等方差假设"对话框;

(5) 在"变量 1 的区域"输入 A2:A11；

(6) 在"变量 2 的区域"输入 B2:B11；

(7) 在"输出区域"输入 D1,表示输出结果放置于 D1 向右方的单元格中；

(8) 在显著水平"α"框,输入 0.05；

(9) 在"假设平均差"窗口输入 0；

(10) 选择"确定",计算结果将在区域 D1:F14 显示.

得到 t 值为 3.03,"t 单尾临界"值为 1.734063. 由于 3.03>1.73,所以拒绝原假设,接受备择假设,即认为使用磷肥对提高玉米产量有显著影响.

3) 两个正态总体的方差齐性的 F 检验

例 7.11　羊毛在处理前与后分别抽样分析其含脂率如下：

处理前：0.19　0.18　0.21　0.30　0.41　0.12　0.27

处理后：0.15　0.13　0.07　0.24　0.19　0.06　0.08　0.12

问处理前后含脂率的标准差是否有显著差异($\alpha=0.025$)？

操作步骤：

欲检验假设

$$H_0: \sigma_1^2 = \sigma_2^2; \quad H_1: \sigma_1^2 \neq \sigma_2^2.$$

(1) 建立如图 7-17 中 A,B 两列所示工作表：

	A	B	C	D	E	F
1	处理前	处理后		F-检验 双样本方差分析		
2	0.19	0.15				
3	0.18	0.13			变量 1	变量 2
4	0.21	0.07		平均	0.24	0.13
5	0.3	0.24		方差	0.009133	0.003886
6	0.41	0.19		观测值	7	8
7	0.12	0.06		df	6	7
8	0.27	0.08		F	2.35049	
9		0.12		P(F<=f) 单尾	0.144119	
10				F 单尾临界	5.113579	

图 7-17

(2) 选取"工具"—"数据分析"；

(3) 选定"F-检验 双样本方差"；

(4) 选择"确定",显示一个"F-检验:双样本方差"对话框；

(5) 在"变量 1 的区域"输入 A2:A8；

(6) 在"变量 2 的区域"输入 B2:B9；

(7) 在显著水平"α"框,输入 0.025；

(8) 在"输出区域"框输入 D1；

(9) 选择"确定",得到结果如图 7-17 所示.

计算出 F 值 2.35049 小于"F 单尾临界"值 5.118579,且 $P(F \leqslant f) = 0.144119 > 0.025$,故接受原假设,表示无理由怀疑两总体方差相等.

7.4 方差分析与线性回归分析

利用 Excel 进行方差分析与线性回归分析,类似于双样本假设检验,有现成的宏程序可以调用,需要做的只是按照要求的格式输入数据,然后正确地调用相应的宏程序并输入参数即可,非常方便.

7.4.1 单因素方差分析

例 7.12 检验某种激素对羊羔增重的效应. 选用 3 个剂量进行试验,加上对照(不用激素)在内,每次试验要用 4 只羊羔,若进行 4 次重复试验,则共需 16 只羊羔. 一种常用的试验方法,是将 16 只羊羔随机分配到 16 个试验单元. 在试验单元间的试验条件一致的情况下,经过 200 天的饲养后,羊羔的增重(kg)数据如下表:

处理 重复	1(对照)	2	3	4
1	47	50	57	54
2	52	54	53	65
3	62	67	69	75
4	51	57	57	59

试分析 3 种剂量的效应之间有无显著差异(取显著水平 $\alpha = 0.05$)?

操作步骤:

(1) 输入数据,如图 7-18 所示:

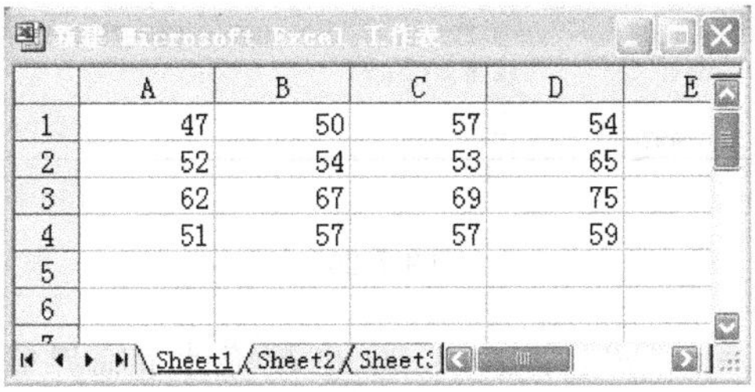

图 7-18

(2) 选取"工具"—"数据分析";

（3）选定"单因素方差分析"；

（4）选定"确定"，显示"单因子方差分析"对话框，如图 7-19 所示；

图 7-19

（5）在"输入区域"框输入数据矩阵（首坐标）：（尾坐标），如上例为"A1:D4"；

（6）在"分组方式"框选定"列"；

（7）若勾选"标志位于第一行"选项，可以在第一行自行输入文字标志，此时数据输入域应为"A2:D5"；

（8）指定显著水平 $\alpha=0.05$；

（9）选择输出选项，本例选择"输出区域"在数据区域下为"A7"；

（10）选择"确定"，则得输出结果如图 7-20 所示.

7	方差分析：单因素方差分析						
8							
9	SUMMARY						
10	组	观测数	求和	平均	方差		
11	列 1	4	212	53	40.66667		
12	列 2	4	228	57	52.66667		
13	列 3	4	236	59	48		
14	列 4	4	253	63.25	81.58333		
15							
16							
17	方差分析						
18	差异源	SS	df	MS	F	P-value	F crit
19	组间	218.1875	3	72.72917	1.305047	0.317979	3.490295
20	组内	668.75	12	55.72917			
21							
22	总计	886.9375	15				
23							

图 7-20

结果分析：F crit＝3.4903 是 $\alpha=0.05$ 的 F 统计量临界值，$F=1.305047$ 是 F 统计量的计算值

$$\text{P-value}=0.318=P\{F>1.305047\}.$$

由于 $1.305047<3.4903$，因此接受原假设，即无显著差异.

7.4.2 双因素无重复试验的方差分析

例 7.13 将土质基本相同的一块耕地分成均等的五个地块，每块再分成均等的四个小区. 有四个品种的小麦，在每一地块内随机分种在四个小区上，每小区的播种量相同，测得收获量如下表(单位：kg). 试以显著性水平 $\alpha_1=0.05$，$\alpha_2=0.01$，考察品种和地块对收获量的影响是否显著.

品种＼地块	$B1$	$B2$	$B3$	$B4$	$B5$
$A1$	32.3	34.0	34.7	36.0	35.5
$A2$	33.2	33.6	36.8	34.3	36.1
$A3$	30.8	34.4	32.3	35.8	32.8
$A4$	29.5	26.2	28.1	28.5	29.4

操作步骤：

(1) 输入数据，如图 7-21 所示：

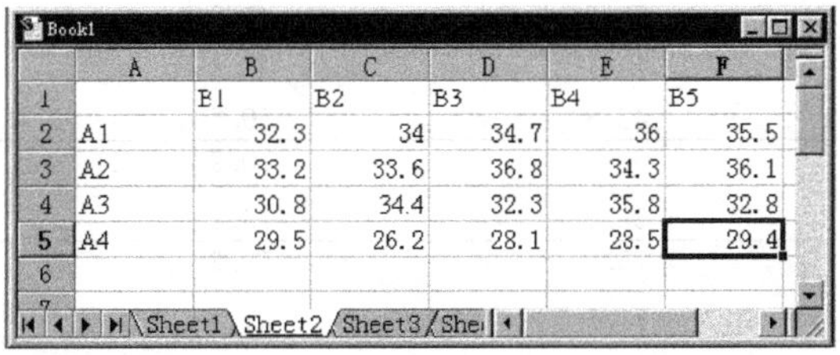

	A	B	C	D	E	F
1		B1	B2	B3	B4	B5
2	A1	32.3	34	34.7	36	35.5
3	A2	33.2	33.6	36.8	34.3	36.1
4	A3	30.8	34.4	32.3	35.8	32.8
5	A4	29.5	26.2	28.1	28.5	29.4
6						

图 7-21

(2) 选取“工具”—“数据分析”；

(3) 选定“双因子方差分析：无重复试验”选项；

(4) 选定“确定”，显示“双因子方差分析：无重复试验”对话框；

(5) 在“输入区域”框输入 A1：F5；

(6) 在“输出区域”输入 A7；

(7) 打开“标记”复选框；

(8) 指定显著水平“α”为“0.05”或“0.01”；

(9) 选择“确定”，则得输出结果从第 7 行起显示出来，如图 7-22 所示.

结果分析：行 F crit＝3.4903 是 $\alpha=0.05$ 的 F 统计量临界值，$F=20.49243$ 是 F 统计量的计算值，列 F crit＝3.259167 是 $\alpha=0.05$ 的 F 统计量临界值，$F=1.609238$ 是 F 统计量的计算值，应拒绝原假设 H_A，接受 H_B.

方差分析						
差异源	SS	df	MS	F	P-value	F crit
行	134.6455	3	44.88183	20.49243	5.16E-05	3.490295
列	14.098	4	3.5245	1.609238	0.23528	3.259167
误差	26.282	12	2.190167			
总计	175.0255	19				

图 7-22

7.4.3 双因素等重复试验方差分析

例 7.14 一火箭使用了四种燃料、三种推进器作射程试验，对于燃料与推进器的每一种搭配，各发射火箭两次，测得结果如下表；试检验燃料和推进器对火箭射程是否是显著影响，两因素的交互作用对火箭射程是否有显著影响.

燃料 \ 推进器	*B*1	*B*2	*B*3
*A*1	58.2	56.2	65.3
	52.6	41.2	60.8
*A*2	49.1	54.1	51.6
	42.8	50.5	48.4
*A*3	60.1	70.9	39.2
	58.3	73.2	40.7
*A*4	75.8	58.2	48.7
	71.5	51.0	41.4

操作步骤：

(1) 输入数据，如图 7-23 所示：

	A	B	C	D	E
1		B1	B2	B3	
2	A1	58.2	56.2	65.3	
3		52.6	41.2	60.8	
4	A2	49.1	54.1	51.6	
5		42.8	50.5	48.4	
6	A3	60.1	70.9	39.2	
7		58.3	73.2	40.7	
8	A4	75.8	58.2	48.7	
9		71.5	51	41.4	
10					
11					

图 7-23

(2) 选取"工具"—"数据分析";

(3) 选定"方差分析:可重复双因素分析"选项;

(4) 选定"确定",显示"方差分析:可重复双因素分析"对话框;

(5) 在"输入区域"框输入 A1:D9,其中第一行和第一列做标志行和列;

(6) 在"输出区域"输入 A11;

(7) 在"每一样本行数"框输入"2",代表两行;

(8) 指定显著水平"α"为"0.05";

(9) 选择"确定",则得输出结果从第 11 行起开始显示,其中方差分析结果从第 45 行显示,如图 7-24 所示.

44							
45	方差分析						
46	差异源	SS	df	MS	F	P-value	F-crit
47	样本	261.675	3	87.225	4.417388	0.025969	3.490295
48	列	370.9808	2	185.4904	9.393902	0.003506	3.885294
49	交互	1768.693	6	294.7821	14.92882	6.15E-05	2.99612
50	内部	236.95	12	19.74583			
51							
52	总计	2638.298	23				
53							

图 7-24

本例假设:H_A:因素 A 对试验结果无显著影响.

$\quad\quad\quad\quad$ H_B:因素 B 对试验结果无显著影响.

$\quad\quad\quad\quad$ H_{AB}:交互因素 AB 对试验结果无显著影响.

已算出:

$$S_A=261.675,\quad MS_A=87.225;\quad S_B=370.9808,\quad MS_B=185.4904;$$

$$S_{AB}=1768.693,\quad MS_{AB}=294.7821,\quad 误差=236.95,\quad MS_e=19.74583.$$

$$总计\ S_t=2638.298.$$

F 值与 F-crit 比较可以看出,F>F-crit,对 $\alpha=0.05$,各因素均显著,应拒绝原假设 H_A,H_B,H_{AB}. 可以继续计算对显著水平 $\alpha=0.01$ 的推断结果.

7.4.4 利用 Excel 进行一元线性回归分析

例 7.15 今收集到某地区 1950~1975 年的工农业总产值(X)与货运周转量(Y)的历史数据如下:

X:0.50 0.87 1.20 1.60 1.90 2.20 2.50 2.80 3.60 4.00

$\quad\,$ 4.10 3.20 3.40 4.4 4.70 5.40 5.65 5.60 5.70 5.90

$\quad\,$ 6.30 6.65 6.70 7.05 7.06 7.30

Y:0.90 1.20 1.40 1.50 1.70 2.00 2.05 2.35 3.00 3.50

3.20 2.40 2.80 3.2 3.40 3.70 4.00 4.40 4.35 4.34

4.35 4.40 4.55 4.70 4.60 5.20

试分析 X 与 Y 间的关系.

操作步骤:

(1) 首先在 Excel 中建立工作表(略),样本 X 数据存放在 A1:A27,其中 A1 存标记 X;样本 Y 数据存放在 B1:B27,其中 B1 存标记 Y;

(2) 选取"工具"—"数据分析";

(3) 选定"回归";

(4) 选择"确定";

(5) 在"输入 Y 区域"框输入 B1:B27;

(6) 在"输入 X 区域"框输入 A1:A27;

(7) 关闭"常数为零"复选框,表示保留截距项,使其不为 0;

(8) 打开"标记"复选框,表示有标记行;

(9) 打开"置信水平"复选框,并使其值为 95%;

(10) 在"输出区域"框,确定单元格 E2.

	D	E	F	G	H	I	J
1	SUMMARY OUTPUT						
3	回归统计						
4	Multiple	0.989342					
5	R Square	0.978798					
6	Adjusted	0.977914					
7	标准误差	0.187682					
8	观测值	26					
10	方差分析						
11		df	SS	MS	F	gnificance F	
12	回归分析	1	39.0267082	39.026708	1107.9422	1.344E-21	
13	残差	24	0.84538794	0.0352245			
14	总计	25	39.8720962				
16		Coefficien	标准误差	t Stat	P-value	Lower 95%	Upper 95%
17	Intercept	0.675373	0.08429596	8.0119271	3.074E-08	0.5013948	0.8493514
18	X Variabl	0.595124	0.01787924	33.285766	1.344E-21	0.5582233	0.6320252

图 7-25

结果如图 7-25 所示,其中 SS 为平方和、MS 表示均方、df 为自由度. 由此我们可以看出:

(1) 回归方程:$Y = 0.6754 + 0.5951X$;

(2) F 统计量的值:$F = 1107.942$. 由于 $P\{F > 1107.942\} = 1.34353 \times 10^{-21}$,故所建回归方程极显著.

7.4.5 利用 Excel 进行多元线性回归分析

例 7.16 现有样本数据如下:

X_1: 7 1 11 11 7 11 3 1 2 21 1 11 10 14 12

X_2: 26 29 56 31 52 55 71 31 54 47 40 66 68 43 58

X_3: 6 15 8 6 9 17 22 18 4 23 9 8 12 18

X_4: 60 52 20 47 33 22 6 44 22 26 34 12 12 28 37

Y: 79 75 103 88 96 108 100 75 94 116 84 115 110 99 107

试分析 X_1, X_2, X_3, X_4 与 Y 之间的关系.

解 首先在 Excel 中建立工作表(略),其中样本 X 数据输入在 A2:D16;样本 Y 数据输入在 E2:E16.

(1) 选取"工具"—"数据分析";

(2) 选定"回归";

(3) 选择"确定";

(4) 在"输入 Y 区域"框输入 E2:E16;

(5) 在"输入 X 区域"框输入 A2:D16;

(6) 关闭"常数为零"复选框,表示保留截距项,使其不为 0;

(7) 关闭"标记"复选框;

(8) 打开"置信水平"复选框,并使其值为 95%;

(9) 在"输出区域"框,确定单元格 G1,如图 7-26 所示;

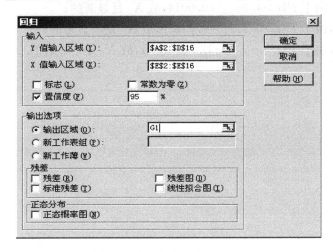

图 7-26

结果如图 7-27 所示;

	G	H	I	J	K	L	M
3	回归统计						
4	Multiple	0.98654					
5	R Square	0.97326					
6	Adjusted	0.96257					
7	标准误差	2.67375					
8	观测值	15					
10	方差分析						
11		df	SS	MS	F	ignificance F	
12	回归分析	4	2602.111	650.5277	90.9964	8.01843E-08	
13	残差	10	71.48936	7.148936			
14	总计	14	2673.6				
15							
16		Coefficien	标准误差	t Stat	P-value	下限 95.0%	上限 95.0%
17	Intercept	59.6881	10.30656	5.79127	0.00018	36.72361914	82.652517
18	X1	1.45441	0.177449	8.19619	9.5E-06	1.059027216	1.8497913
19	X2	0.54959	0.125775	4.369634	0.0014	0.269347502	0.8298379
20	X3	0.06771	0.164106	0.412626	0.68859	-0.29793665	0.4333655
21	X4	-0.0817	0.118993	-0.68633	0.50811	-0.34680143	0.1834652

图 7-27

由此我们可义看出：

(1) 回归方程：$Y = 59.6881 + 1.45441X_1 + 0.54959X_2 + 0.06771X_3 - 0.0817X_4$；

(2) 回归方程的显著性检验：

由于 F 统计量值为：$F = 90.9964$，而 $P\{F > 90.9964\} = 8.01843 \times 10^{-8}$，故所建回归方程是极显著的；

(3) 回归系数的显著性检验：

关于 X_1，由于 $P\{t > 8.196\} = 9.5 \times 10^{-6}$，故 X_1 是显著的；

关于 X_2，由于 $P\{t > 4.369\} = 0.0014$，故 X_2 是显著的；

关于 X_3，由于 $P\{t > 0.413\} = 0.68859$，故 X_3 是不显著的；

关于 X_4，由于 $P\{t > -0.6863\} = 0.50811$，故 X_4 是不显著的.

部分习题参考答案

习 题 1

1. (3) 成立,(1)(2)(4)不成立.

2. (4)正确,(1)(2)(3)不正确.

3. $P(B) = \dfrac{1}{5}$.

4. $P(A) = \dfrac{1}{3}$.

5. (4)成立,(1)(2)(3)不成立.

6. $\dfrac{8}{15}$.

7. (1) 0.0588； (2) 0.0594； (3) 0.9994.

8. $1 - p^3$.

9. (1) $P(\overline{A}\overline{B}C) = \dfrac{7}{60}$； (2) $P(\overline{A}\overline{B}\cup C) = \dfrac{7}{20}$.

10. $\dfrac{8}{9}$.

11. (1) 0.93； (2) 0.429.

12. (1) $P(AB) = 0.72$； (2) $P(A\cup B) = 0.98$； (3) 0.26.

13. (1)

X	3	4	5
p_k	$\dfrac{1}{10}$	$\dfrac{3}{10}$	$\dfrac{6}{10}$

；

(2)

X	1	2	3	4	5	6
P_k	$\dfrac{11}{36}$	$\dfrac{9}{36}$	$\dfrac{7}{36}$	$\dfrac{5}{36}$	$\dfrac{3}{36}$	$\dfrac{1}{36}$

.

14. (1) 55； (2) $\dfrac{27}{38}$.

15. (4)正确,(1)(2)(3)不正确.

16. (1)

X	0	1	2	3	4
P	0.7	0.21	0.063	0.0189	0.0081

(2) 0.91; (3) 0.0819.

17. $\dfrac{19}{27}$.

18. (1) e^{-3}; (2) $9e^{-3}$.

19. (1) $A=\dfrac{1}{2}$; (2) $F(x)=\begin{cases} 0, & x<0, \\ \dfrac{1}{2}-\dfrac{1}{2}\cos x, & 0\leqslant x\leqslant\pi, \\ 1, & x>\pi; \end{cases}$ (3) $\dfrac{1}{2}-\dfrac{\sqrt{2}}{4}$.

20. (1) 0.25; (2) 0; (3) $F(x)=\begin{cases} 0, & x<0, \\ x^2, & 0\leqslant x<1, \\ 1, & x\geqslant1. \end{cases}$

21. (1) $A=0,B=\dfrac{1}{2},C=2$; (2) $f(x)=\begin{cases} x, & 0\leqslant x<1, \\ 2-x, & 1\leqslant x<2, \\ 0, & \text{其他}; \end{cases}$ (3) $\dfrac{7}{8}$.

22. $\dfrac{20}{27}$.

23. $\dfrac{232}{243}$.

24. (1) 0.9906; (2) 0.8925; (3) 0.8858.

25. (1) 0.5328; (2) 0.9876; (3) 0.6977; (4) 0.4987; (5) 3.

26. (1) 0.0228; (2) $d>81.1625$.

27.

X \ Y	0	1
0	$\dfrac{9}{25}$	$\dfrac{6}{25}$
1	$\dfrac{6}{25}$	$\dfrac{4}{25}$

28.

X \ Y	0	1	2	3	$p_{i\cdot}$
0	0	0	$\dfrac{21}{120}$	$\dfrac{35}{120}$	$\dfrac{7}{15}$
1	0	$\dfrac{14}{120}$	$\dfrac{42}{120}$	0	$\dfrac{7}{15}$
2	$\dfrac{1}{120}$	$\dfrac{7}{120}$	0	0	$\dfrac{1}{15}$
$p_{\cdot j}$	$\dfrac{1}{120}$	$\dfrac{21}{120}$	$\dfrac{63}{120}$	$\dfrac{35}{120}$	1

29. (1) $\dfrac{1}{8}$; (2) $\dfrac{3}{8}$; (3) $\dfrac{27}{32}$; (4) $\dfrac{2}{3}$.

30. (1) $f(x,y)=\begin{cases} 2e^{-(x+2y)}, & x>0,y>0, \\ 0, & \text{其他}; \end{cases}$ (2) $\dfrac{1}{3}$.

31. (1) $f(x,y)=\begin{cases} \dfrac{1}{2}e^{-\frac{y}{2}}, & 0<x<1,y>0, \\ 0, & \text{其他}; \end{cases}$

  (2) $1-\sqrt{2\pi}\,[\Phi(1)-\Phi(0)]=0.1445$.

32. (1)(2)(3) 成立,(4) 不成立.

33. 5.

34. $E(X)=-0.2, E(X^2)=2.8, E(3X^2+5)=13.4$.

35. $x_3=21, \alpha=0.2$.

36. $E(X)=1, D(X)=\dfrac{1}{6}$.

37. 0,1.

38. $E(X)=\dfrac{1}{p}, D(X)=\dfrac{1-p}{p^2}$.

39. $E(Y)=7, D(Y)=37.25$.

40. 大数定律.

习 题 2

1. (1) $\displaystyle\prod_{i=1}^{6} p^{x_i}(1-p)^{1-x_i}=p^{\sum\limits_{i=1}^{6}x_i}(1-p)^{6-\sum\limits_{i=1}^{6}x_i}, x_i=0,1$;

  (2) $X_1+X_3+X_5, (X_6-\overline{X})^2$ 是统计量,$\dfrac{X_1}{p}$不是统计量; (3) $\dfrac{2}{3}, \dfrac{4}{15}$;

2. (1) $\displaystyle\prod_{i=1}^{6} \dfrac{1}{\sqrt{2\pi}\sigma}e^{-\frac{(x_i-\mu)^2}{2\sigma^2}}=\dfrac{1}{8\pi^3\sigma^6}e^{-\frac{\sum(x_i-\mu)^2}{2\sigma^2}}$;

  (2) $\displaystyle\sum_{i=1}^{6}(X_i-\overline{X})$ 是统计量,$\dfrac{1}{\sigma^2}\sum_{i=1}^{6}(X_i-\mu)^2, \dfrac{5S^2}{\sigma^2}$ 不是统计量.

5. 0.1336.

7. 0.6714.

8. 0.99.

9. (1) $\dfrac{S_1^2}{S_2^2}\sim F(4,8)$; (2) 0.2532.

10. $t(n)$.

习 题 3

1. (1) $\hat{p}=\dfrac{\overline{X}}{m}$; (2) $\hat{\lambda}=\overline{X}$; (3) $\hat{\theta}=\dfrac{\overline{X}}{1-\overline{X}}$; (4) $\hat{\theta}=\dfrac{\overline{X}}{\overline{X}-c}$.

2. $\hat{a}=\overline{X}-\sqrt{\dfrac{3}{n}\sum_{i=1}^{n}(X_i-\overline{X})^2}$; $\hat{b}=\overline{X}+\sqrt{\dfrac{3}{n}\sum_{i=1}^{n}(X_i-\overline{X})^2}$.

3. $\hat{\mu}=1183, \hat{\sigma}^2=10781$.

4. $\dfrac{7}{12}, \dfrac{7}{12}$.

5. (1) $\hat{p}=\dfrac{\overline{X}}{m}$；　(2) $\hat{\lambda}=\overline{X}$；　(3) $\hat{\theta}=-\dfrac{n}{\displaystyle\sum_{i=1}^{n}\ln X_i}$；　(4) $\hat{\theta}=\dfrac{n}{\displaystyle\sum_{i=1}^{n}\ln X_i-n\ln c}$.

6. $\hat{a}=\min\limits_{1\leqslant i\leqslant n}X_i, \hat{b}=\max\limits_{1\leqslant i\leqslant n}X_i$.

7. (1) $\hat{P}\{X=0\}=e^{-\overline{x}}$；　(2) $\hat{\theta}=1-\Phi(2-\overline{x})$.

9. (1) Y_1, Y_3；　(2) Y_1 较 Y_3 有效；

10. $(3.5872, 4.6128)$.

11. (1) $(917.708, 1054.692)$；　(2) $(101.3111, 201.3362)$.

12. (1) $(14.75, 15.15)$；　(2) $(14.71, 15.19)$；　(3) $(0.020, 0.307)$.

13. $(-0.08, 0)$.

14. $(3.07, 4.93)$.

15. $(0.8250, 11.0517)$.

16. $(0.0515, 0.1851)$.

17. $(3.8597, 4.5703)$.

习　题　4

1. 新菜单的挂出对每天的营业额无显著影响.

2. 可以认为这批产品的该指标的期望值 μ 为 1600.

3. 不符合环保规定.

4. 新产品寿命的方差无显著变化.

5. 合格.

6. 是同一批生产的.

7. 显著高于.

8. 有显著差异.

9. 大.

10. 无显著差异.

11. 第二台机器的加工精度高.

12. (1) 相等；　(2) 甲的不显著高于乙的.

13. 不均匀.(提示:即检验总体分布是否均匀,即 $p_i=\dfrac{1}{5}, i=1,2,\cdots,5.$)

15. 服从泊松分布.

16. 无差异.

17. 由秩和检验法检验得两种手机的使用时间有显著差异;手机 A 比较手机 B 使用时间长.

18. (1) $p_{\mu}=0.4939>0.1, p_{\sigma}=0.4975>0.1$,合格；

　　(2) $p=0.0034<\alpha=0.05$,所以有显著差异；

（3）接受 H_0，即认为考试成绩服从正态分布.

19. $p=0.4747>0.1$，所以接受 H_0.

20. 拒绝 H_0.

习 题 5

1. 无显著性差异.

2. 差异显著.

3. 只有浓度的影响是显著的.

6. $A_2B_2C_3$.

7. $A_1B_2C_2D_2$.

习 题 6

1.（1）$y=77.3636-0.0018x$； （2）66.5636.

2.（1）$y=-0.3859+0.0023x$； （2）4.2； （3）0.8627.

3. $y=9.379-0.1377x_1+3.6767x_2$.

4. $y=-348.28+3.754\,x_1+7.1007\,x_2+12.4475\,x_3$.

5. $N=\dfrac{60.61}{T-10.63}$.

6.（1）$y=-2.7394+0.4830x$； （2）57.6356 ± 2.316.

7. $y=1.1189+\dfrac{8.9762}{x}$.

附 表

附表 1 泊松分布表

$$P\{X=m\}=\frac{\lambda^m}{m!}\mathrm{e}^{-\lambda}$$

λ \ m	0.1	0.2	0.3	0.4	0.5	0.6	0.7	0.8	0.9	1.0	1.5	2.0	2.5	3.0
0	0.9048	0.8187	0.7408	0.6703	0.6065	0.5488	0.4966	0.4493	0.4066	0.3679	0.2231	0.1353	0.0821	0.0498
1	0.0905	0.1637	0.2223	0.2681	0.3033	0.3293	0.3476	0.3595	0.3659	0.3679	0.3347	0.2707	0.2052	0.1494
2	0.0045	0.0164	0.0333	0.0536	0.0758	0.0988	0.1216	0.1438	0.1647	0.1839	0.2510	0.2707	0.2565	0.2240
3	0.0002	0.0011	0.0033	0.0072	0.0126	0.0198	0.0284	0.0383	0.0494	0.0613	0.1255	0.1805	0.2138	0.2240
4		0.0001	0.0003	0.0007	0.0016	0.0030	0.0050	0.0077	0.0111	0.0153	0.0471	0.0902	0.1336	0.1681
5				0.0001	0.0002	0.0003	0.0007	0.0012	0.0020	0.0031	0.0141	0.0361	0.0668	0.1008
6							0.0001	0.0002	0.0003	0.0005	0.0035	0.0120	0.0278	0.0504
7										0.0001	0.0008	0.0034	0.0099	0.0216
8											0.0002	0.0009	0.0031	0.0081
9												0.0002	0.0009	0.0027
10													0.0002	0.0008
11													0.0001	0.0002
12														0.0001

λ \ m	3.5	4.0	4.5	5	6	7	8	9	10	11	12	13	14	15
0	0.0302	0.0183	0.0111	0.0067	0.0025	0.0009	0.0003	0.0001						
1	0.1057	0.0733	0.0500	0.0337	0.0149	0.0064	0.0027	0.0011	0.0004	0.0002	0.0001			
2	0.1850	0.1465	0.1125	0.0842	0.0446	0.0223	0.0107	0.0050	0.0023	0.0010	0.0004	0.0002	0.0001	
3	0.2158	0.1954	0.1687	0.1404	0.0892	0.0521	0.0286	0.0150	0.0076	0.0037	0.0018	0.0008	0.0004	0.0002
4	0.1888	0.1954	0.1898	0.1755	0.1339	0.0912	0.0573	0.0337	0.0189	0.0102	0.0053	0.0027	0.0013	0.0006
5	0.1322	0.1563	0.1708	0.1755	0.1606	0.1277	0.0916	0.0607	0.0378	0.0224	0.0127	0.0071	0.0037	0.0019
6	0.0771	0.1042	0.1281	0.1462	0.1606	0.1490	0.1221	0.0911	0.0631	0.0411	0.0255	0.0151	0.0087	0.0048
7	0.0385	0.0595	0.0824	0.1044	0.1377	0.1490	0.1396	0.1171	0.0901	0.0646	0.0437	0.0281	0.0174	0.0104
8	0.0169	0.0298	0.0463	0.0653	0.1033	0.1304	0.1396	0.1318	0.1126	0.0888	0.0655	0.0457	0.0304	0.0195
9	0.0065	0.0132	0.0232	0.0363	0.0688	0.1014	0.1241	0.1318	0.1251	0.1085	0.0874	0.0660	0.0473	0.0324
10	0.0023	0.0053	0.0104	0.0181	0.0413	0.0710	0.0993	0.1186	0.1251	0.1194	0.1048	0.0859	0.0663	0.0486
11	0.0007	0.0019	0.0043	0.0082	0.0225	0.0452	0.0722	0.0970	0.1137	0.1194	0.1144	0.1015	0.0843	0.0663
12	0.0002	0.0006	0.0015	0.0034	0.0113	0.0264	0.0481	0.0728	0.0948	0.1094	0.1144	0.1099	0.0984	0.0828
13	0.0001	0.0002	0.0006	0.0013	0.0052	0.0142	0.0296	0.0504	0.0729	0.0926	0.1056	0.1099	0.1061	0.0956
14		0.0001	0.0002	0.0005	0.0023	0.0071	0.0169	0.0324	0.0521	0.0728	0.0905	0.1021	0.1061	0.1025
15			0.0001	0.0002	0.0009	0.0033	0.0090	0.0194	0.0347	0.0533	0.0724	0.0885	0.0989	0.1025
16				0.0001	0.0003	0.0015	0.0045	0.0109	0.0217	0.0367	0.0543	0.0719	0.0865	0.0960
17					0.0001	0.0006	0.0021	0.0058	0.0128	0.0237	0.0383	0.0551	0.0713	0.0847
18						0.0002	0.0010	0.0029	0.0071	0.0145	0.0255	0.0397	0.0554	0.0706

续表

λ \ m	3.5	4.0	4.5	5	6	7	8	9	10	11	12	13	14	15
19						0.0001	0.0004	0.0014	0.0037	0.0084	0.0161	0.0272	0.0408	0.0557
20							0.0002	0.0006	0.0019	0.0046	0.0097	0.0177	0.0286	0.0418
21							0.0001	0.0003	0.0009	0.0024	0.0055	0.0109	0.0191	0.0299
22								0.0001	0.0004	0.0013	0.0030	0.0065	0.0122	0.0204
23									0.0002	0.0006	0.0016	0.0036	0.0074	0.0133
24									0.0001	0.0003	0.0008	0.0020	0.0043	0.0083
25										0.0001	0.0004	0.0011	0.0024	0.0050
26											0.0002	0.0005	0.0013	0.0029
27											0.0001	0.0002	0.0007	0.0017
28												0.0001	0.0003	0.0009
29													0.0002	0.0002
30													0.0001	0.0002
31														0.0001

附表2　标准正态分布表

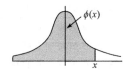

$$\Phi(x) = \frac{1}{\sqrt{2\pi}} \int_{-\infty}^{x} e^{-\frac{t^2}{2}} dt = P\{X \leqslant x\}$$

x	0.00	0.01	0.02	0.03	0.04	0.05	0.06	0.07	0.08	0.09
0.0	0.5000	0.5040	0.5080	0.5120	0.5160	0.5199	0.5239	0.5279	0.5319	0.5359
0.1	0.5398	0.5438	0.5478	0.5517	0.5557	0.5596	0.5636	0.5675	0.5714	0.5753
0.2	0.5793	0.5832	0.5871	0.5910	0.5948	0.5987	0.6026	0.6064	0.6103	0.6141
0.3	0.6179	0.6217	0.6255	0.6293	0.6331	0.6368	0.6404	0.6443	0.6480	0.6517
0.4	0.6554	0.6591	0.6628	0.6664	0.6700	0.6736	0.6772	0.6808	0.6844	0.6879
0.5	0.6915	0.6950	0.6985	0.7019	0.7054	0.7088	0.7123	0.7157	0.7190	0.7224
0.6	0.7257	0.7291	0.7324	0.7357	0.7389	0.7422	0.7454	0.7486	0.7517	0.7549
0.7	0.7580	0.7611	0.7642	0.7673	0.7703	0.7734	0.7764	0.7794	0.7823	0.7852
0.8	0.7881	0.7910	0.7939	0.7967	0.7995	0.8023	0.8051	0.8078	0.8106	0.8133
0.9	0.8159	0.8186	0.8212	0.8238	0.8264	0.8289	0.8355	0.8340	0.8365	0.8389
1.0	0.8413	0.8438	0.8461	0.8485	0.8508	0.8531	0.8554	0.8577	0.8599	0.8621
1.1	0.8643	0.8665	0.8686	0.8708	0.8729	0.8749	0.8770	0.8790	0.8810	0.8830
1.2	0.8849	0.8869	0.8888	0.8907	0.8925	0.8944	0.8962	0.8980	0.8997	0.9015
1.3	0.9032	0.9049	0.9066	0.9082	0.9099	0.9115	0.9131	0.9147	0.9162	0.9177
1.4	0.9192	0.9207	0.9222	0.9236	0.9251	0.9265	0.9279	0.9292	0.9306	0.9319
1.5	0.9332	0.9345	0.9357	0.9370	0.9382	0.9394	0.9406	0.9418	0.9430	0.9441
1.6	0.9452	0.9463	0.9474	0.9484	0.9495	0.9505	0.9515	0.9525	0.9535	0.9535
1.7	0.9554	0.9564	0.9573	0.9582	0.9591	0.9599	0.9608	0.9616	0.9625	0.9633
1.8	0.9641	0.9648	0.9656	0.9664	0.9672	0.9678	0.9686	0.9693	0.9700	0.9706
1.9	0.9713	0.9719	0.9726	0.9732	0.9738	0.9744	0.9750	0.9756	0.9762	0.9767
2.0	0.9772	0.9778	0.9783	0.9788	0.9793	0.9798	0.9803	0.9808	0.9812	0.9817
2.1	0.9821	0.9826	0.9830	0.9834	0.9838	0.9842	0.9846	0.9850	0.9854	0.9857

x	0.00	0.01	0.02	0.03	0.04	0.05	0.06	0.07	0.08	0.09
2.2	0.9861	0.9864	0.9868	0.9871	0.9874	0.9878	0.9881	0.9884	0.9887	0.9890
2.3	0.9893	0.9896	0.9898	0.9901	0.9904	0.9906	0.9909	0.9911	0.9913	0.9916
2.4	0.9918	0.9920	0.9922	0.9925	0.9927	0.9929	0.9931	0.9932	0.9934	0.9936
2.5	0.9938	0.9940	0.9941	0.9943	0.9945	0.9946	0.9948	0.9949	0.9951	0.9952
2.6	0.9953	0.9955	0.9956	0.9957	0.9959	0.9960	0.9961	0.9962	0.9963	0.9964
2.7	0.9965	0.9966	0.9967	0.9968	0.9969	0.9970	0.9971	0.9972	0.9973	0.9974
2.8	0.9974	0.9975	0.9976	0.9977	0.9977	0.9978	0.9979	0.9979	0.9980	0.9981
2.9	0.9981	0.9982	0.9982	0.9983	0.9984	0.9984	0.9985	0.9985	0.9986	0.9986
3	0.9987	0.9987	0.9987	0.9988	0.9988	0.9989	0.9989	0.9989	0.9990	0.9990

附表 3　χ^2 分布临界值表

$$P\{\chi^2(n) > \chi_\alpha^2(n)\} = \alpha$$

n	$\alpha=0.9950$	0.9900	0.9750	0.9500	0.9000	0.1000	0.0500	0.0250	0.0100	0.0050
1	0.0000	0.0002	0.0010	0.0039	0.0158	2.7055	3.8415	5.0239	6.6349	7.8794
2	0.0100	0.0201	0.0506	0.1026	0.2107	4.6052	5.9915	7.3778	9.2103	10.5966
3	0.0717	0.1148	0.2158	0.3518	0.5844	6.2514	7.8147	9.3484	11.3449	12.8382
4	0.2070	0.2971	0.4844	0.7107	1.0636	7.7794	9.4877	11.1433	13.2767	14.8603
5	0.4117	0.5543	0.8312	1.1455	1.6103	9.2364	11.0705	12.8325	15.0863	16.7496
6	0.6757	0.8721	1.2373	1.6354	2.2041	10.6446	12.5916	14.4494	16.8119	18.5476
7	0.9893	1.2390	1.6899	2.1673	2.8331	12.0170	14.0671	16.0128	18.4753	20.2777
8	1.3444	1.6465	2.1797	2.7326	3.4895	13.3616	15.5073	17.5345	20.0902	21.9550
9	1.7349	2.0879	2.7004	3.3251	4.1682	14.6837	16.9190	19.0228	21.6660	23.5894
10	2.1559	2.5582	3.2470	3.9403	4.8652	15.9872	18.3070	20.4832	23.2093	25.1882
11	2.6032	3.0535	3.8157	4.5748	5.5778	17.2750	19.6751	21.9200	24.7250	26.7568
12	3.0738	3.5706	4.4038	5.2260	6.3038	18.5493	21.0261	23.3367	26.2170	28.2995
13	3.5650	4.1069	5.0088	5.8919	7.0415	19.8119	22.3620	24.7356	27.6882	29.8195
14	4.0747	4.6604	5.6287	6.5706	7.7895	21.0641	23.6848	26.1189	29.1412	31.3193
15	4.6009	5.2293	6.2621	7.2609	8.5468	22.3071	24.9958	27.4884	30.5779	32.8013
16	5.1422	5.8122	6.9077	7.9616	9.3122	23.5418	26.2962	28.8454	31.9999	34.2672
17	5.6972	6.4078	7.5642	8.6718	10.0852	24.7690	27.5871	30.1910	33.4087	35.7185
18	6.2648	7.0149	8.2307	9.3905	10.8649	25.9894	28.8693	31.5264	34.8053	37.1565
19	6.8440	7.6327	8.9065	10.1170	11.6509	27.2036	30.1435	32.8523	36.1909	38.5823
20	7.4338	8.2604	9.5908	10.8508	12.4426	28.4120	31.4104	34.1696	37.5662	39.9968
21	8.0337	8.8972	10.2829	11.5913	13.2396	29.6151	32.6706	35.4789	38.9322	41.4011
22	8.6427	9.5425	10.9823	12.3380	14.0415	30.8133	33.9244	36.7807	40.2894	42.7957

续表

n	α=0.9950	0.9900	0.9750	0.9500	0.9000	0.1000	0.0500	0.0250	0.0100	0.0050
23	9.2604	10.1957	11.6886	13.0905	14.8480	32.0069	35.1725	38.0756	41.6384	44.1813
24	9.8862	10.8564	12.4012	13.8484	15.6587	33.1962	36.4150	39.3641	42.9798	45.5585
25	10.5197	11.5240	13.1197	14.6114	16.4734	34.3816	37.6525	40.6465	44.3141	46.9279
26	11.1602	12.1981	13.8439	15.3792	17.2919	35.5632	38.8851	41.9232	45.6417	48.2899
27	11.8076	12.8785	14.5734	16.1514	18.1139	36.7412	40.1133	43.1945	46.9629	49.6449
28	12.4613	13.5647	15.3079	16.9279	18.9392	37.9159	41.3371	44.4608	48.2782	50.9934
29	13.1211	14.2565	16.0471	17.7084	19.7677	39.0875	42.5570	45.7223	49.5879	52.3356
30	13.7867	14.9535	16.7908	18.4927	20.5992	40.2560	43.7730	46.9792	50.8922	53.6720
31	14.4578	15.6555	17.5387	19.2806	21.4336	41.4217	44.9853	48.2319	52.1914	55.0027
32	15.1340	16.3622	18.2908	20.0719	22.2706	42.5847	46.1943	49.4804	53.4858	56.3281
33	15.8153	17.0735	19.0467	20.8665	23.1102	43.7452	47.3999	50.7251	54.7755	57.6484
34	16.5013	17.7891	19.8063	21.6643	23.9523	44.9032	48.6024	51.9660	56.0609	58.9639
35	17.1918	18.5089	20.5694	22.4650	24.7967	46.0588	49.8018	53.2033	57.3421	60.2748
36	17.8867	19.2327	21.3359	23.2686	25.6433	47.2122	50.9985	54.4373	58.6192	61.5812
37	18.5858	19.9602	22.1056	24.0749	26.4921	48.3634	52.1923	55.6680	59.8925	62.8833
38	19.2889	20.6914	22.8785	24.8839	27.3430	49.5126	53.3835	56.8955	61.1621	64.1814
39	19.9959	21.4262	23.6543	25.6954	28.1958	50.6598	54.5722	58.1201	62.4281	65.4756
40	20.7065	22.1643	24.4330	26.5093	29.0505	51.8051	55.7585	59.3417	63.6907	66.7660
41	21.4208	22.9056	25.2145	27.3256	29.9071	52.9485	56.9424	60.5606	64.9501	68.0527
42	22.1385	23.6501	25.9987	28.1440	30.7654	54.0902	58.1240	61.7768	66.2062	69.3360
43	22.8595	24.3976	26.7854	28.9647	31.6255	55.2302	59.3035	62.9904	67.4593	70.6159
44	23.5837	25.1480	27.5746	29.7875	32.4871	56.3685	60.4809	64.2015	68.7095	71.8926
45	24.3110	25.9013	28.3662	30.6123	33.3504	57.5053	61.6562	65.4102	69.9568	73.1661

附表 4　　t 分 布 表

$$P\{t(n) > t_\alpha(n)\} = \alpha$$

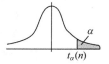

n	α=0.25	0.1	0.05	0.025	0.01	0.005
1	1.0000	3.0777	6.3138	12.7062	31.8205	63.6567
2	0.8165	1.8856	2.9200	4.3027	6.9646	9.9248
3	0.7649	1.6377	2.3534	3.1824	4.5407	5.8409
4	0.7407	1.5332	2.1318	2.7764	3.7469	4.6041
5	0.7267	1.4759	2.0150	2.5706	3.3649	4.0321
6	0.7176	1.4398	1.9432	2.4469	3.1427	3.7074
7	0.7111	1.4149	1.8946	2.3646	2.9980	3.4995

n	$\alpha=0.25$	0.1	0.05	0.025	0.01	0.005
8	0.7064	1.3968	1.8595	2.3060	2.8965	3.3554
9	0.7027	1.3830	1.8331	2.2622	2.8214	3.2498
10	0.6998	1.3722	1.8125	2.2281	2.7638	3.1693
11	0.6974	1.3634	1.7959	2.2010	2.7181	3.1058
12	0.6955	1.3562	1.7823	2.1788	2.6810	3.0545
13	0.6938	1.3502	1.7709	2.1604	2.6503	3.0123
14	0.6924	1.3450	1.7613	2.1448	2.6245	2.9768
15	0.6912	1.3406	1.7531	2.1314	2.6025	2.9467
16	0.6901	1.3368	1.7459	2.1199	2.5835	2.9208
17	0.6892	1.3334	1.7396	2.1098	2.5669	2.8982
18	0.6884	1.3304	1.7341	2.1009	2.5524	2.8784
19	0.6876	1.3277	1.7291	2.0930	2.5395	2.8609
20	0.6870	1.3253	1.7247	2.0860	2.5280	2.8453
21	0.6864	1.3232	1.7207	2.0796	2.5176	2.8314
22	0.6858	1.3212	1.7171	2.0739	2.5083	2.8188
23	0.6853	1.3195	1.7139	2.0687	2.4999	2.8073
24	0.6848	1.3178	1.7109	2.0639	2.4922	2.7969
25	0.6844	1.3163	1.7081	2.0595	2.4851	2.7874
26	0.6840	1.3150	1.7056	2.0555	2.4786	2.7787
27	0.6837	1.3137	1.7033	2.0518	2.4727	2.7707
28	0.6834	1.3125	1.7011	2.0484	2.4671	2.7633
29	0.6830	1.3114	1.6991	2.0452	2.4620	2.7564
30	0.6828	1.3104	1.6973	2.0423	2.4573	2.7500
31	0.6825	1.3095	1.6955	2.0395	2.4528	2.7440
32	0.6822	1.3086	1.6939	2.0369	2.4487	2.7385
33	0.6820	1.3077	1.6924	2.0345	2.4448	2.7333
34	0.6818	1.3070	1.6909	2.0322	2.4411	2.7284
35	0.6816	1.3062	1.6896	2.0301	2.4377	2.7238
36	0.6814	1.3055	1.6883	2.0281	2.4345	2.7195
37	0.6812	1.3049	1.6871	2.0262	2.4314	2.7154
38	0.6810	1.3042	1.6860	2.0244	2.4286	2.7116
39	0.6808	1.3036	1.6849	2.0227	2.4258	2.7079
40	0.6807	1.3031	1.6839	2.0211	2.4233	2.7045
41	0.6805	1.3025	1.6829	2.0195	2.4208	2.7012
42	0.6804	1.3020	1.6820	2.0181	2.4185	2.6981
43	0.6802	1.3016	1.6811	2.0167	2.4163	2.6951
44	0.6801	1.3011	1.6802	2.0154	2.4141	2.6923
45	0.6800	1.3006	1.6794	2.0141	2.4121	2.6896

附表 5　F 分布临界值表

$$P\{F(n_1,n_2) > F_\alpha(n_1,n_2)\} = \alpha$$

$\alpha=0.10$

n_2 \ n_1	1	2	3	4	5	6	8	12	24	∞
1	39.86	49.50	53.59	55.83	57.24	58.20	59.44	60.71	62.00	63.33
2	8.53	9.00	9.16	9.24	9.29	9.33	9.37	9.41	9.45	9.49
3	5.54	5.46	5.36	5.32	5.31	5.28	5.25	5.22	5.18	5.13
4	4.54	4.32	4.19	4.11	4.05	4.01	3.95	3.90	3.83	3.76
5	4.06	3.78	3.62	3.52	3.45	3.40	3.34	3.27	3.19	3.10
6	3.78	3.46	3.29	3.18	3.11	3.05	2.98	2.90	2.82	2.72
7	3.59	3.26	3.07	2.96	2.88	2.83	2.75	2.67	2.58	2.47
8	3.46	3.11	2.92	2.81	2.73	2.67	2.59	2.50	2.40	2.29
9	3.36	3.01	2.81	2.69	2.61	2.55	2.47	2.38	2.28	2.16
10	3.29	2.92	2.73	2.61	2.52	2.46	2.38	2.28	2.18	2.06
11	3.23	2.86	2.66	2.54	2.45	2.39	2.30	2.21	2.10	1.97
12	3.18	2.81	2.61	2.48	2.39	2.33	2.24	2.15	2.04	1.90
13	3.14	2.76	2.56	2.43	2.35	2.28	2.20	2.10	1.98	1.85
14	3.10	2.73	2.52	2.39	2.31	2.24	2.15	2.05	1.94	1.80
15	3.07	2.70	2.49	2.36	2.27	2.21	2.12	2.02	1.90	1.76
16	3.05	2.67	2.46	2.33	2.24	2.18	2.09	1.99	1.87	1.72
17	3.03	2.64	2.44	2.31	2.22	2.15	2.06	1.96	1.84	1.69
18	3.01	2.62	2.42	2.29	2.20	2.13	2.04	1.93	1.81	1.66
19	2.99	2.61	2.40	2.27	2.18	2.11	2.02	1.91	1.79	1.63
20	2.97	2.59	2.38	2.25	2.16	2.09	2.00	1.89	1.77	1.61
21	2.96	2.57	2.36	2.23	2.14	2.08	1.98	1.87	1.75	1.59
22	2.95	2.56	2.35	2.22	2.13	2.06	1.97	1.86	1.73	1.57
23	2.94	2.55	2.34	2.21	2.11	2.05	1.95	1.84	1.72	1.55
24	2.93	2.54	2.33	2.19	2.10	2.04	1.94	1.83	1.70	1.53
25	2.92	2.53	2.32	2.18	2.09	2.02	1.93	1.82	1.69	1.52
26	2.91	2.52	2.31	2.17	2.08	2.01	1.92	1.81	1.68	1.50
27	2.90	2.51	2.30	2.17	2.07	2.00	1.91	1.80	1.67	1.49
28	2.89	2.50	2.29	2.16	2.06	2.00	1.90	1.79	1.66	1.48
29	2.89	2.50	2.28	2.15	2.06	1.99	1.89	1.78	1.65	1.47
30	2.88	2.49	2.28	2.14	2.05	1.98	1.88	1.77	1.64	1.46
40	2.84	2.44	2.23	2.09	2.00	1.93	1.83	1.71	1.57	1.38
60	2.79	2.39	2.18	2.04	1.95	1.87	1.77	1.66	1.51	1.29
120	2.75	2.35	2.13	1.99	1.90	1.82	1.72	1.60	1.45	1.19
∞	2.71	2.30	2.08	1.94	1.85	1.17	1.67	1.55	1.38	1.00

续表

$\alpha = 0.05$

n_1 / n_2	1	2	3	4	5	6	8	12	24	∞
1	161.4	199.5	215.7	224.6	230.2	234.0	238.9	243.9	249.0	254.3
2	18.51	19.00	19.16	19.25	19.30	19.33	19.37	19.41	19.45	19.50
3	10.13	9.55	9.28	9.12	9.01	8.94	8.84	8.74	8.64	8.53
4	7.71	6.94	6.59	6.39	6.26	6.16	6.04	5.91	5.77	5.63
5	6.61	5.79	5.41	5.19	5.05	4.95	4.82	4.68	4.53	4.36
6	5.99	5.14	4.76	4.53	4.39	4.28	4.15	4.00	3.84	3.67
7	5.59	4.74	4.35	4.12	3.97	3.87	3.73	3.57	3.41	3.23
8	5.32	4.46	4.07	3.84	3.69	3.58	3.44	3.28	3.12	2.93
9	5.12	4.26	3.86	3.63	3.48	3.37	3.23	3.07	2.90	2.71
10	4.96	4.10	3.71	3.48	3.33	3.22	3.07	2.91	2.74	2.54
11	4.84	3.98	3.59	3.36	3.20	3.09	2.95	2.79	2.61	2.40
12	4.75	3.88	3.49	3.26	3.11	3.00	2.85	2.69	2.50	2.30
13	4.67	3.80	3.41	3.18	3.02	2.92	2.77	2.60	2.42	2.21
14	4.60	3.74	3.34	3.11	2.96	2.85	2.70	2.53	2.35	2.13
15	4.54	3.68	3.29	3.06	2.90	2.79	2.64	2.48	2.29	2.07
16	4.49	3.63	3.24	3.01	2.85	2.74	2.59	2.42	2.24	2.01
17	4.45	3.59	3.20	2.96	2.81	2.70	2.55	2.38	2.19	1.96
18	4.41	3.55	3.16	2.93	2.77	2.66	2.51	2.34	2.15	1.92
19	4.38	3.52	3.13	2.90	2.74	2.63	2.48	2.31	2.11	1.88
20	4.35	3.49	3.10	2.87	2.71	2.60	2.45	2.28	2.08	1.84
21	4.32	3.47	3.07	2.84	2.68	2.57	2.42	2.25	2.05	1.81
22	4.30	3.44	3.05	2.82	2.66	2.55	2.40	2.23	2.03	1.78
23	4.28	3.42	3.03	2.80	2.64	2.53	2.38	2.20	2.00	1.76
24	4.26	3.40	3.01	2.78	2.62	2.51	2.36	2.18	1.98	1.73
25	4.24	3.38	2.99	2.76	2.60	2.49	2.34	2.16	1.96	1.71
26	4.22	3.37	2.98	2.74	2.59	2.47	2.32	2.15	1.95	1.69
27	4.21	3.35	2.96	2.73	2.57	2.46	2.30	2.13	1.93	1.67
28	4.20	3.34	2.95	2.71	2.56	2.44	2.29	2.12	1.91	1.65
29	4.18	3.33	2.93	2.70	2.54	2.43	2.28	2.10	1.90	1.64
30	4.17	3.32	2.92	2.69	2.53	2.42	2.27	2.09	1.89	1.62
40	4.08	3.23	2.84	2.61	2.45	2.34	2.18	2.00	1.79	1.51
60	4.00	3.15	2.76	2.52	2.37	2.25	2.10	1.92	1.70	1.39
120	3.92	3.07	2.68	2.45	2.29	2.17	2.02	1.83	1.61	1.25
∞	3.84	2.99	2.60	2.37	2.21	2.09	1.94	1.75	1.52	1.00

续表

$\alpha=0.025$

n_2 \ n_1	1	2	3	4	5	6	8	12	24	∞
1	647.8	799.5	864.2	899.6	921.8	937.1	956.7	976.7	997.2	1018
2	38.51	39.00	39.17	39.25	39.30	39.33	39.37	39.41	39.46	39.50
3	17.44	16.04	15.44	15.10	14.88	14.73	14.54	14.34	14.12	13.90
4	12.22	10.65	9.98	9.60	9.36	9.20	8.98	8.75	8.51	8.26
5	10.01	8.43	7.76	7.39	7.15	6.98	6.76	6.52	6.28	6.02
6	8.81	7.26	6.60	6.23	5.99	5.82	5.60	5.37	5.12	4.85
7	8.07	6.54	5.89	5.52	5.29	5.12	4.90	4.67	4.42	4.14
8	7.57	6.06	5.42	5.05	4.82	4.65	4.43	4.20	3.95	3.67
9	7.21	5.71	5.08	4.72	4.48	4.32	4.10	3.87	3.61	3.33
10	6.94	5.46	4.83	4.47	4.24	4.07	3.85	3.62	3.37	3.08
11	6.72	5.26	4.63	4.28	4.04	3.88	3.66	3.43	3.17	2.88
12	6.55	5.10	4.47	4.12	3.89	3.73	3.51	3.28	3.02	2.72
13	6.41	4.97	4.35	4.00	3.77	3.60	3.39	3.15	2.89	2.60
14	6.30	4.86	4.24	3.89	3.66	3.50	3.29	3.05	2.79	2.49
15	6.20	4.77	4.15	3.80	3.58	3.41	3.20	2.96	2.70	2.40
16	6.12	4.69	4.08	3.73	3.50	3.34	3.12	2.89	2.63	2.32
17	6.04	4.62	4.01	3.66	3.44	3.28	3.06	2.82	2.56	2.25
18	5.98	4.56	3.95	3.61	3.38	3.22	3.01	2.77	2.50	2.19
19	5.92	4.51	3.90	3.56	3.33	3.17	2.96	2.72	2.45	2.13
20	5.87	4.46	3.86	3.51	3.29	3.13	2.91	2.68	2.41	2.09
21	5.83	4.42	3.82	3.48	3.25	3.09	2.87	2.64	2.37	2.04
22	5.79	4.38	3.78	3.44	3.22	3.05	2.84	2.60	2.33	2.00
23	5.75	4.35	3.75	3.41	3.18	3.02	2.81	2.57	2.30	1.97
24	5.72	4.32	3.72	3.38	3.15	2.99	2.78	2.54	2.27	1.94
25	5.69	4.29	3.69	3.35	3.13	2.97	2.75	2.51	2.24	1.91
26	5.66	4.27	3.67	3.33	3.10	2.94	2.73	2.49	2.22	1.88
27	5.63	4.24	3.65	3.31	3.08	2.92	2.71	2.47	2.19	1.85
28	5.61	4.22	3.63	3.29	3.06	2.90	2.69	2.45	2.17	1.83
29	5.59	4.20	3.61	3.27	3.04	2.88	2.67	2.43	2.15	1.81
30	5.57	4.18	3.59	3.25	3.03	2.87	2.65	2.41	2.14	1.79
40	5.42	4.05	3.46	3.13	2.90	2.74	2.53	2.29	2.01	1.64
60	5.29	3.93	3.34	3.01	2.79	2.63	2.41	2.17	1.88	1.48
120	5.15	3.80	3.23	2.89	2.67	2.52	2.30	2.05	1.76	1.31
∞	5.02	3.69	3.12	2.79	2.57	2.41	2.19	1.94	1.64	1.00

续表

$\alpha = 0.01$

n_2＼n_1	1	2	3	4	5	6	8	12	24	∞
1	4052	4999	5403	5625	5764	5859	5981	6106	6234	6366
2	98.49	99.01	99.17	99.25	99.30	99.33	99.36	99.42	99.46	99.50
3	34.12	30.81	29.46	28.71	28.24	27.91	27.49	27.05	26.60	26.12
4	21.20	18.00	16.69	15.98	15.52	15.21	14.80	14.37	13.93	13.46
5	16.26	13.27	12.06	11.39	10.97	10.67	10.29	9.89	9.47	9.02
6	13.74	10.92	9.78	9.15	8.75	8.47	8.10	7.72	7.31	6.88
7	12.25	9.55	8.45	7.85	7.46	7.19	6.84	6.47	6.07	5.65
8	11.26	8.65	7.59	7.01	6.63	6.37	6.03	5.67	5.28	4.86
9	10.56	8.02	6.99	6.42	6.06	5.80	5.47	5.11	4.73	4.31
10	10.04	7.56	6.55	5.99	5.64	5.39	5.06	4.71	4.33	3.91
11	9.65	7.20	6.22	5.67	5.32	5.07	4.74	4.40	4.02	3.60
12	9.33	6.93	5.95	5.41	5.06	4.82	4.50	4.16	3.78	3.36
13	9.07	6.70	5.74	5.20	4.86	4.62	4.30	3.96	3.59	3.16
14	8.86	6.51	5.56	5.03	4.69	4.46	4.14	3.80	3.43	3.00
15	8.68	6.36	5.42	4.89	4.56	4.32	4.00	3.67	3.29	2.87
16	8.53	6.23	5.29	4.77	4.44	4.20	3.89	3.55	3.18	2.75
17	8.40	6.11	5.18	4.67	4.34	4.10	3.79	3.45	3.08	2.65
18	8.28	6.01	5.09	4.58	4.25	4.01	3.71	3.37	3.00	2.57
19	8.18	5.93	5.01	4.50	4.17	3.94	3.63	3.30	2.92	2.49
20	8.10	5.85	4.94	4.43	4.10	3.87	3.56	3.23	2.86	2.42
21	8.02	5.78	4.87	4.37	4.04	3.81	3.51	3.17	2.80	2.36
22	7.94	5.72	4.82	4.31	3.99	3.76	3.45	3.12	2.75	2.31
23	7.88	5.66	4.76	4.26	3.94	3.71	3.41	3.07	2.70	2.26
24	7.82	5.61	4.72	4.22	3.90	3.67	3.36	3.03	2.66	2.21
25	7.77	5.57	4.68	4.18	3.86	3.63	3.32	2.99	2.62	2.17
26	7.72	5.53	4.64	4.14	3.82	3.59	3.29	2.96	2.58	2.13
27	7.68	5.49	4.60	4.11	3.78	3.56	3.26	2.93	2.55	2.10
28	7.64	5.45	4.57	4.07	3.75	3.53	3.23	2.90	2.52	2.06
29	7.60	5.42	4.54	4.04	3.73	3.50	3.20	2.87	2.49	2.03
30	7.56	5.39	4.51	4.02	3.70	3.47	3.17	2.84	2.47	2.01
40	7.31	5.18	4.31	3.83	3.51	3.29	2.99	2.66	2.29	1.80
60	7.08	4.98	4.13	3.65	3.34	3.12	2.82	2.50	2.12	1.60
120	6.85	4.79	3.95	3.48	3.17	2.96	2.66	2.34	1.95	1.38
∞	6.64	4.60	3.78	3.32	3.02	2.80	2.51	2.18	1.79	1.00

$\alpha=0.005$

n_2 \ n_1	1	2	3	4	5	6	8	12	24	∞
1	16211	20000	21615	22500	23056	23437	23925	24426	24940	25465
2	198.5	199.0	199.2	199.2	199.3	199.3	199.4	199.4	199.5	199.5
3	55.55	49.80	47.47	46.19	45.39	44.84	44.13	43.39	42.62	41.83
4	31.33	26.28	24.26	23.15	22.46	21.97	21.35	20.70	20.03	19.32
5	22.78	18.31	16.53	15.56	14.94	14.51	13.96	13.38	12.78	12.14
6	18.63	14.45	12.92	12.03	11.46	11.07	10.57	10.03	9.47	8.88
7	16.24	12.40	10.88	10.05	9.52	9.16	8.68	8.18	7.65	7.08
8	14.69	11.04	9.60	8.81	8.30	7.95	7.50	7.01	6.50	5.95
9	13.61	10.11	8.72	7.96	7.47	7.13	6.69	6.23	5.73	5.19
10	12.83	9.43	8.08	7.34	6.87	6.54	6.12	5.66	5.17	4.64
11	12.23	8.91	7.60	6.88	6.42	6.10	5.68	5.24	4.76	4.23
12	11.75	8.51	7.23	6.52	6.07	5.76	5.35	4.91	4.43	3.90
13	11.37	8.19	6.93	6.23	5.79	5.48	5.08	4.64	4.17	3.65
14	11.06	7.92	6.68	6.00	5.56	5.26	4.86	4.43	3.96	3.44
15	10.80	7.70	6.48	5.80	5.37	5.07	4.67	4.25	3.79	3.26
16	10.58	7.51	6.30	5.64	5.21	4.91	4.52	4.10	3.64	3.11
17	10.38	7.35	6.16	5.50	5.07	4.78	4.39	3.97	3.51	2.98
18	10.22	7.21	6.03	5.37	4.96	4.66	4.28	3.86	3.40	2.87
19	10.07	7.09	5.92	5.27	4.85	4.56	4.18	3.76	3.31	2.78
20	9.94	6.99	5.82	5.17	4.76	4.47	4.09	3.68	3.22	2.69
21	9.83	6.89	5.73	5.09	4.68	4.39	4.01	3.60	3.15	2.61
22	9.73	6.81	5.65	5.02	4.61	4.32	3.94	3.54	3.08	2.55
23	9.63	6.73	5.58	4.95	4.54	4.26	3.88	3.47	3.02	2.48
24	9.55	6.66	5.52	4.89	4.49	4.20	3.83	3.42	2.97	2.43
25	9.48	6.60	5.46	4.84	4.43	4.15	3.78	3.37	2.92	2.38
26	9.41	6.54	5.41	4.79	4.38	4.10	3.73	3.33	2.87	2.33
27	9.34	6.49	5.36	4.74	4.34	4.06	3.69	3.28	2.83	2.29
28	9.28	6.44	5.32	4.70	4.30	4.02	3.65	3.25	2.79	2.25
29	9.23	6.40	5.28	4.66	4.26	3.98	3.61	3.21	2.76	2.21
30	9.18	6.35	5.24	4.62	4.23	3.95	3.58	3.18	2.73	2.18
40	8.83	6.07	4.98	4.37	3.99	3.71	3.35	2.95	2.50	1.93
60	8.49	5.79	4.73	4.14	3.76	3.49	3.13	2.74	2.29	1.69
120	8.18	5.54	4.50	3.92	3.55	3.28	2.93	2.54	2.09	1.43

附表 6　符号检验临界值表

100α N	1	5	10	25	100α N	1	5	10	25	100α N	1	5	10	25	100α N	1	5	10	25
1					25	5	7	7	9	49	15	17	18	19	73	25	27	28	31
2					26	6	7	8	9	50	15	17	18	20	74	25	28	29	31
3				0	27	6	7	8	10	51	15	18	19	20	75	25	28	29	32
4				0	28	6	8	9	10	52	16	18	19	21	76	26	28	30	32
5			0	0	29	7	8	9	10	53	16	18	20	21	77	26	29	30	32
6		0	0	1	30	7	9	10	11	54	17	19	20	22	78	27	29	31	33
7		0	0	1	31	7	9	10	11	55	17	19	20	22	79	27	30	31	33
8	0	0	1	1	32	8	9	10	12	56	17	20	21	23	80	28	30	32	34
9	0	1	1	2	33	8	10	11	12	57	17	20	21	23	81	28	31	32	34
10	0	1	1	2	34	9	10	11	13	58	18	21	22	24	82	28	31	33	35
11	0	1	2	3	35	9	11	12	13	59	19	21	22	24	83	29	32	33	35
12	1	2	2	3	36	9	11	12	14	60	19	21	23	25	84	29	32	33	36
13	1	2	3	3	37	10	12	13	14	61	20	22	23	25	85	30	32	34	36
14	1	2	3	4	38	10	12	13	14	62	20	22	24	25	86	30	33	34	37
15	2	3	3	4	39	11	12	13	15	63	20	23	24	26	87	31	33	35	35
16	2	3	4	5	40	11	13	14	15	64	21	23	24	26	88	31	34	35	38
17	2	4	4	5	41	11	13	14	16	65	21	24	25	27	89	31	34	36	38
18	3	4	5	6	42	12	14	15	16	66	22	24	25	27	90	32	35	36	39
19	3	4	5	6	43	12	14	15	17	67	22	25	26	28					
20	3	5	5	6	44	13	15	16	17	68	22	25	26	28					
21	4	5	6	7	45	13	15	16	18	69	23	25	27	29					
22	4	5	6	7	46	13	15	16	18	70	23	26	27	29					
23	4	5	6	8	47	14	16	17	19	71	24	26	28	30					
24	5	6	7	8	48	14	16	17	19	72	24	27	28	30					

附表 7　秩和检验临界值表

n_1	n_2	秩和下限	秩和上限	n_1	n_2	秩和下限	秩和上限	n_1	n_2	秩和下限	秩和上限	n_1	n_2	秩和下限	秩和上限	n_1	n_2	秩和下限	秩和上限
2	4	**3**	11	3	6	**7**	**23**	4	7	15	33	5	10	**24**	**56**	7	9	43	76
2	5	3	13	3	6	8	22	4	8	**14**	**33**	5	10	26	54	7	10	**43**	**83**
2	6	**3**	**15**	3	7	**8**	**25**	4	8	16	36	6	6	**26**	**52**	7	10	46	80
2	6	4	14	3	7	9	24	4	9	**15**	**41**	6	6	28	50	8	8	**49**	**87**
2	7	**3**	**17**	3	8	**8**	**28**	4	9	17	39	6	7	**28**	**56**	8	8	52	84
2	7	4	16	3	8	9	27	4	10	**16**	**44**	6	7	30	54	8	9	**51**	**93**
2	8	**3**	**19**	3	9	**9**	**30**	4	10	18	32	6	8	**29**	**61**	8	9	54	90
2	8	4	18	3	9	10	29	5	5	**18**	**37**	6	8	32	58	8	10	**54**	**93**
2	9	**4**	**21**	3	10	**9**	**33**	5	5	19	36	6	9	**31**	**65**	8	10	57	95
2	9	4	22	3	10	11	31	5	6	**19**	**41**	6	9	33	63	9	9	**63**	**108**
2	10	**4**	**22**	4	4	**11**	**25**	5	6	20	40	6	10	**33**	**69**	9	9	66	105
2	10	5	21	4	4	12	24	5	7	**20**	**45**	6	10	35	67	9	10	**66**	**114**
3	3	6	15	4	5	**12**	**28**	5	7	22	43	7	7	**37**	**68**	9	10	69	111
3	4	**6**	**18**	4	5	13	27	5	8	**21**	**49**	7	7	39	66	10	10	**79**	**131**
3	4	7	17	4	6	**12**	**32**	5	8	26	47	7	8	**39**	**73**	10	10	83	127
3	5	**6**	**21**	4	6	14	30	5	9	**22**	**53**	7	8	41	71				
3	5	7	20	4	7	**13**	**35**	5	9	25	50	7	9	**41**	**78**				

注:显著性水平 2.5% 的用黑体字表示,其他为显著性水平 5% 的.

附表 8　相关系数临界值表

$$P\{\,|\,r\,|\,>r_a\} = \alpha$$

5%水平					1%水平				
变量总数 自由度	2	3	4	5	变量总数 自由度	2	3	4	5
1	0.997	0.999	0.999	0.999	1	1.000	1.000	1.000	1.000
2	0.950	0.975	0.983	0.987	2	0.990	0.995	0.997	0.998
3	0.878	0.930	0.950	0.961	3	0.959	0.976	0.983	0.987
4	0.811	0.881	0.912	0.930	4	0.917	0.949	0.962	0.970
5	0.754	0836	0.874	0.898	5	0.874	0.917	0.937	0.949
6	0.707	0.795	0.839	0.867	6	0.834	0.886	0.911	0.927
7	0.666	0.758	0.807	0.838	7	0.798	0.855	0.885	0.904
8	0.632	0.726	0.777	0.811	8	0.765	0.827	0.860	0.882
9	0.602	0.697	0.750	0.786	9	0.735	0.800	0.836	0.861
10	0.576	0.671	0.726	0.763	10	0.708	0.776	0.814	0.840
11	0.553	0.648	0.703	0.741	11	0.684	0.753	0.793	0.821
12	0.532	0.627	0.683	0.722	12	0.661	0.732	0.773	0.802
13	0.514	0.608	0.664	0.703	13	0.641	0.712	0.775	0.785
14	0.497	0.590	0.646	0.686	14	0.623	0.694	0.737	0.768
15	0.482	0.574	0.630	0.670	15	0.606	0.677	0.721	0.752
16	0.468	0.559	0.615	0.655	16	0.590	0.662	0.706	0.738
17	0.456	0.545	0.601	0.641	17	0.575	0.647	0.691	0.724
18	0.444	0.532	0.587	0.628	18	0.61	0.633	0.678	0.710
19	0.433	0.520	0.575	0.615	19	0.549	0.620	0.665	0.698
20	0.423	0.509	0.563	0.604	20	0.537	0.608	0.652	0685
21	0.413	0.498	0.552	0.592	21	0.526	0.596	0.641	0.674
22	0.404	0.488	0.542	0.582	22	0.515	0.585	0.630	0.663
23	0.396	0.479	0.532	0.572	23	0.505	0.574	0.619	0.652
24	0.388	0.470	0.523	0.562	24	0.496	0.565	0.609	0.642
25	0.381	0.462	0.514	0.553	25	0.487	0.555	0.600	0.633
26	0.374	0.454	0.506	0.545	26	0.478	0.546	0.590	0.624
27	0.367	0.446	0.498	0.536	27	0.470	0.538	0.582	0.615
28	0.361	0.439	0.490	0.529	28	0.463	0.530	0.573	0.606
29	0.355	0.432	0.482	0.521	29	0.456	0.522	0.565	0.598
30	0.349	0.426	0.476	0.514	30	0.449	0.514	0.558	0.591
35	0.525	0.397	0.445	0.482	35	0.418	0.481	0.523	0.556
40	0.304	0.373	0.419	0.445	40	0.393	0.454	0.494	0.526
45	0.288	0.353	0.397	0.432	45	0.372	0.430	0.470	0.501
50	0.273	0.336	0.379	0.412	50	0.354	0.410	0.449	0.479
60	0.250	0.308	0.348	0.380	60	0.325	0.377	0.414	0.442
70	0.232	0.286	0.324	0.354	70	0.302	0.351	0.386	0.413
80	0.217	0.269	0.304	0.332	80	0.283	0.330	0.362	0.389
90	0.205	0.254	0.288	0.315	90	0.267	0.312	0.343	0.368
100	0.195	0.241	0.274	0.300	100	0.254	0.297	0.327	0.351

附表 9　正　交　表

(1) $L_4(2^3)$.

试验号＼列号	1	2	3
1	1	1	1
2	1	2	2
3	2	1	2
4	2	2	1

注:任意两列的交互作用列为第三列.

(2) $L_8(2^7)$.

试验号＼列号	1	2	3	4	5	6	7
1	1	1	1	1	1	1	1
2	1	1	1	2	2	2	2
3	1	2	2	1	1	2	2
4	1	2	2	2	2	1	1
5	2	1	2	1	2	1	2
6	2	1	2	2	1	2	1
7	2	2	1	1	2	2	1
8	2	2	1	2	1	1	2

(3) $L_8(2^7)$ 二列间的交互作用表.

列号	1	2	3	4	5	6	7
1	(1)	3	2	5	4	7	6
2		(2)	1	6	7	4	5
3			(3)	7	6	5	4
4				(4)	1	2	3
5					(5)	3	2
6						(6)	1
7							(7)

(4) $L_{12}(2^{11})$.

列号 试验号	1	2	3	4	5	6	7	8	9	10	11
1	1	1	1	1	1	1	1	1	1	1	1
2	1	1	1	1	1	2	2	2	2	2	2
3	1	1	2	2	2	1	1	1	2	2	2
4	1	2	1	2	2	1	2	2	1	1	2
5	1	2	2	1	2	2	1	2	1	2	1
6	1	2	2	2	1	2	2	1	2	1	1
7	2	1	2	2	1	1	2	2	1	2	1
8	2	1	2	1	2	2	2	1	1	1	2
9	2	1	1	2	2	2	1	2	2	1	1
10	2	2	2	1	1	1	1	2	2	1	2
11	2	2	1	2	1	2	1	1	1	2	2
12	2	2	1	1	2	1	2	1	2	2	1

注：此表任意两列的交互作用均不在表内.

(5) $L_{16}(2^{15})$.

列号 试验号	1	2	3	4	5	6	7	8	9	10	11	12	13	14	15
1	1	1	1	2	2	1	2	1	2	2	1	1	1	2	2
2	2	1	2	2	1	1	1	1	1	2	2	1	2	2	1
3	1	2	2	2	2	2	1	1	2	1	2	1	1	1	1
4	2	2	1	2	1	2	2	1	1	1	1	1	2	1	2
5	1	1	2	1	1	2	2	1	2	2	2	2	2	1	2
6	2	1	1	1	2	2	1	1	1	2	1	2	1	1	1
7	1	2	1	1	1	1	1	1	2	1	1	2	2	2	1
8	2	2	2	1	2	1	2	1	1	1	2	2	1	2	2
9	1	1	1	1	2	2	1	2	1	1	2	1	2	2	2
10	2	1	2	1	1	2	2	2	2	1	1	1	1	2	1
11	1	2	2	1	2	1	2	2	1	2	1	1	2	1	1
12	2	2	1	1	1	1	1	2	2	2	2	1	1	1	2
13	1	1	2	2	1	1	1	2	1	1	1	2	1	1	2
14	2	1	1	2	2	1	2	2	2	1	2	2	2	1	1
15	1	2	1	2	2	2	2	2	1	2	2	2	1	2	1
16	2	2	2	2	2	2	1	2	2	2	1	2	2	2	2

（6）$L_{16}(2^{15})$二列间的交互作用表.

1	2	3	4	5	6	7	8	9	10	11	12	13	14	15
(1)	3	2	5	4	7	6	9	8	11	10	13	12	15	14
	(2)	1	6	7	4	5	10	11	8	9	14	15	12	13
		(3)	7	6	5	4	11	10	9	8	15	14	13	12
			(4)	1	2	3	12	13	14	15	8	9	10	11
				(5)	3	2	13	12	15	14	9	8	11	10
					(6)	1	14	15	12	13	10	11	8	9
						(7)	15	14	13	12	11	10	9	8
							(8)	1	2	3	4	5	6	7
								(9)	3	2	5	4	7	6
									(10)	1	6	7	4	5
										(11)	7	6	5	4
											(12)	1	2	3
												(13)	3	2
													(14)	1
														(15)

（7）$L_9(3^4)$.

试验号 ＼ 列号	1	2	3	4
1	1	1	1	1
2	1	2	2	2
3	1	3	3	3
4	2	1	2	3
5	2	2	3	1
6	2	3	1	2
7	3	1	3	2
8	3	2	1	3
9	3	3	2	1

注:任意两列的交互作用出现于另外二列.

(8) $L_{27}(3^{13})$.

试验号 \ 列号	1	2	3	4	5	6	7	8	9	10	11	12	13
1	1	1	3	2	1	2	2	3	1	2	1	3	3
2	2	1	1	1	1	1	3	3	2	1	1	2	1
3	3	1	2	3	1	3	1	3	3	3	1	1	2
4	1	2	2	1	1	2	2	2	3	1	3	1	1
5	2	2	3	3	1	1	3	2	1	3	3	3	2
6	3	2	1	2	1	3	1	2	2	2	3	2	3
7	1	3	1	3	1	2	2	1	2	3	2	2	2
8	2	3	2	2	1	1	3	1	3	2	2	3	3
9	3	3	3	1	1	3	1	1	1	1	2	1	1
10	1	1	1	1	2	2	3	1	3	2	3	3	2
11	2	1	3	3	2	1	1	1	1	1	3	2	3
12	3	1	2	2	2	3	2	1	2	3	3	1	1
13	1	2	3	3	2	2	3	3	1	1	2	1	3
14	2	2	2	2	2	1	1	3	3	3	2	3	1
15	3	2	1	1	2	3	2	3	2	2	2	2	2
16	1	3	2	2	2	3	3	2	1	3	1	2	1
17	2	3	1	1	2	2	1	2	2	2	1	1	2
18	3	3	3	3	2	1	2	2	3	1	1	3	3
19	1	1	3	3	3	1	1	2	2	2	2	3	1
20	2	1	2	2	3	3	2	2	1	1	2		2
21	3	1	1	1	3	2	2	2	3	3	2	1	3
22	1	2	2	2	3	1	1	1	1	1	1	1	2
23	2	2	1	1	3	3	2	1	2	3	1	3	3
24	3	2	3	3	3	2	2	1	3	2	1	2	1
25	1	3	1	1	3	1	1	3	3	3	3	2	3
26	2	3	3	3	3	3	2	3	1	2	3	1	1
27	3	3	2	2	3	2	2	3	2	1	3	3	2

（9）$L_{27}(3^{13})$ 二列间的交互作用表.

1	2	3	4	5	6	7	8	9	10	11	12	13
(1)	3 4	2 4	2 3	6 7	5 7	5 6	9 10	8 10	8 9	12 13	11 13	11 12
	(2)	1 4	1 3	8 11	9 12	10 13	5 11	6 12	7 13	5 8	6 9	7 10
		(3)	1 2	9 13	10 11	8 12	7 12	5 13	6 11	6 10	7 8	5 9
			(4)	10 12	8 13	9 11	6 13	7 11	5 12	7 9	5 10	6 8
				(5)	1 7	1 6	2 11	3 13	4 12	2 8	4 10	3 9
					(6)	1 5	4 13	2 12	3 11	3 10	2 9	4 8
						(7)	3 12	4 11	2 13	4 9	3 8	2 10
							(8)	1 10	1 9	2 5	3 7	4 6
								(9)	1 8	4 7	2 6	3 5
									(10)	3 6	4 5	2 7
										(11)	1 13	1 12
											(12)	1 11
												(13)

（10）$L_{16}(4^5)$.

试验号 \ 列号	1	2	3	4	5
1	1	1	1	1	1
2	1	2	2	2	2
3	1	3	3	3	3
4	1	4	4	4	4
5	2	1	2	3	4
6	2	2	1	4	3
7	2	3	4	1	2
8	2	4	3	2	1
9	3	1	3	4	2
10	3	2	4	3	1
11	3	3	1	2	4
12	3	4	2	1	3
13	4	1	4	2	3
14	4	2	3	1	4
15	4	3	2	4	1
16	4	4	1	3	2